UN217345

初めての
TensorFlow

数式なしの
ディープラーニング

足立 悠 [著]

PythonとTFLearnライブラリで
実装まで無理なく体験学習

リックテレコム

読者特典のご案内

本書をお買い上げの方は読者特典として、下記のような著者オリジナルコンテンツを、弊社サイトよりダウンロードすることができます。

1. 第3章〜5章の Python サンプルスクリプト：約 173KB
2. 第4章 4.3 節で用いる画像データセット（番犬の写真約 500 枚弱）：約 481KB
3. Ubuntu 仮想イメージ（付録 A.3 参照）：3,041,062KB

http://www.ric.co.jp/book/index.html

リックテレコムの上記 Web サイトの左欄「総合案内」から「データダウンロード」ページへ進み、本書の書名を探してください。そこから上記 zip ファイルの入手へと進むことができます。その際には、以下の書籍 ID とパスワード、お客様のお名前等を入力していただく必要があります。

書　籍 ID：ric11051

パスワード：prg11051

注　意

1. 本書は、著者が独自に調査した結果を出版したものです。
2. 本書は万全を期して作成しましたが、万一ご不審な点や誤り、記載漏れ等お気づきの点がありましたら、出版元まで書面にてご連絡ください。
3. 本書の記載内容を運用した結果およびその影響については、上記にかかわらず本書の著者、発行人、発行所、その他関係者のいずれも一切の責任を負いませんので、あらかじめご了承ください。
4. 本書の記載内容は、執筆時点である 2017 年 6 月現在において知りうる範囲の情報です。本書に記載された URL やソフトウェアの内容は、将来予告なしに変更される場合があります。
5. 本書に掲載されている画面イメージ等は、特定の環境と環境設定において再現される一例です。
6. 本書に掲載されているプログラムコード、図画、写真画像等は著作物であり、これらの作品のうち著作者が明記されているものの著作権は、各々の著作者に帰属します。
7. 本書記載のプログラムコードは、本書第 2 章に記載された環境で開発され、動作検証が実施されました。

商標の扱い等について

1. TensorFlow および TensorFlow ロゴマークは Google Inc. の登録商標です。
2. Python は Python Software Foundation の登録商標です。
3. 上記のほか、本書に記載されている商品名、サービス名、会社名、団体名、およびそれらのロゴマークは、各社または各団体の商標または登録商標である場合があります。
4. 本書では原則として、本文中において ™ マーク、® マーク等の表示を省略させていただきました。
5. 本書の本文中では日本法人の会社名を表記する際に、原則として「株式会社」等を省略した略称を記載しています。また、海外法人の会社名を表記する際には、原則として「Inc.」「Co., Ltd.」等を省略した略称を記載しています。

はじめに

　本書は、「これからディープラーニングを学びたい」と考えている IT エンジニアの方々を対象にしています。そして、ディープラーニングの手法を理解し、手を動かして実装できるようになることを目指します。

　ディープラーニングは AI（人工知能）の一技術として注目を集め、ビジネスシーンはもちろん、個人での利用も広がっています。しかし、初めて触れるエンジニアにとっては、「手法（特に理論を説明する数式）の理解が難しい」、「どうやって使えばよいか実装方法が分からない」といった点が大きな壁となって立ちはだかっています。

　本書ではこれらの壁を、以下のようにして乗り越えていきます。

1. 数式なしで手法(理論)を理解

　本書では、読者の皆さんがこれからディープラーニングを使い始めるにあたって、知っておきたい 3 つの手法、すなわち、①ディープニューラルネットワーク、②畳み込みニューラルネットワーク、③再帰型ニューラルネットワークのみに焦点を絞りました。

　理論はもっぱら図で説明し、数式は一切出てきません！ 　読者が IT エンジニアであれば抵抗感なく読み進めることができ、実装に必要な最小限の知識を効率よく獲得できます。また、「数式あり」で、より詳しく理解したいときの参考書籍も巻末で紹介しています。

2. 簡単に実装できるライブラリを使用

　本書ではプログラミング言語の **Python 3.6** と、Google の TensorFlow をベースにした **TFLearn** ライブラリを使用して、ディープラーニングの実装を体験します。

　実装例は画像とテキストデータを対象とし、サンプルコードを示すだけでなく、逐次、解説を加えました。実装環境の構築方法も一から説明しています。本書の手順どおりに進めれば、ディープラーニングをひととおり実装できるようになるでしょう。また、より高度な実装方法について知りたい場合の参考書籍も巻末で紹介しています。

　本書の内容は体験学習を基本としています。ディープラーニングの手法を詳しく理解しようとすると、時間がかかる上に苦手意識が働き、つまずいてしまう恐れがあるからです。まずは手法の概要を理解し、実装を体験するところから始めましょう！

2017 年 8 月　　足立 悠

CONTENTS

Chapter 5／第5章　再帰型ニューラルネットワークの体験

Appendix／付録

Chapter 1

初めての
ディープラーニング

本書ではこれから、機械学習の手法の1つであるディープラーニングの仕組みと、実際に手を動かして実装する方法を説明します。それに先立って本章では、機械学習とディープラーニングの概要に加え、ディープラーニングの強みや実現できることを説明します。そして、ディープラーニングを実装できるソフト(ライブラリ)について説明します。

1.1 機械学習とディープラーニング

1.1.1 AIブームの到来

AI（Artificial Intelligence：人工知能）は今や、技術者向けの専門書籍やWebサイトに留まらず、一般向けのニュースや新聞の話題に上っています。AIは過去に2度盛り上がりを見せました。現在は3度目のブームの最中にあり、「**機械学習とディープラーニング（深層学習）の時代**」と言われています。

第3次AIブームでは、人間から与えられたデータをもとに、機械であるコンピュータが自分で学習し、知識を獲得できるようになりました。過去のブームで考案された手法と異なり、人間が思いつかないパターンを見出すことができるため、汎用性が高く、様々な分野で活用されています。なかでも特に、「ディープラーニング」と呼ばれる領域が注目を集め、画像認識や音声認識、機械翻訳などの分野で成果をあげています。

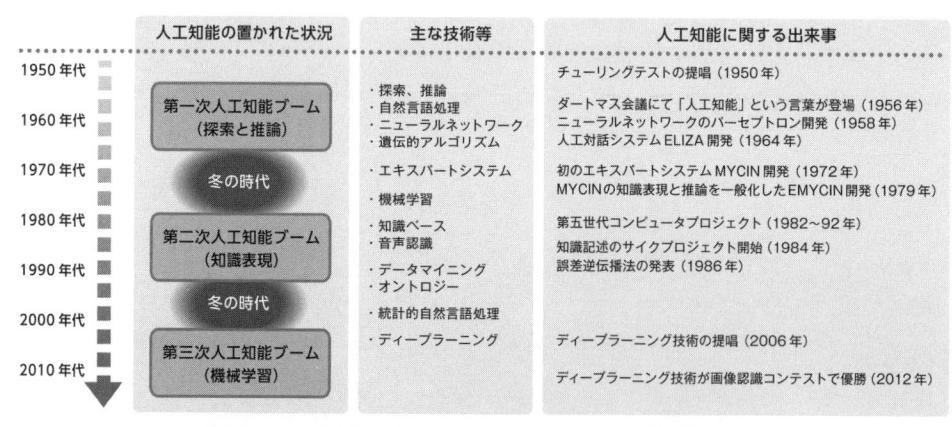

図1-1：AIの歴史、データ量の増加、コンピュータ性能の向上

出典：総務省・ICTの進化が雇用と働き方に及ぼす影響に関する調査研究（2016年）[1]

---

[1] http://www.soumu.go.jp/johotsusintokei/linkdata/h28_03_houkoku.pdf

補足 1 第 1 次 AI ブームと第 2 次 AI ブーム

第 1 次 AI ブームは 1950 年代から 60 年代にかけて起こりました。このとき、「推論」と「探索」の手法が考案されました。これは「ハノイの塔のアルゴリズム」に代表されるような、人間によってルールとゴールがあらかじめ設定されている問題を、コンピュータに解かせることです。

しかしこの手法は、決められた条件の下でしか効果を発揮できず応用が利きません。このため、人間の知能を表現するには程遠く、やがてブームは収束しました。

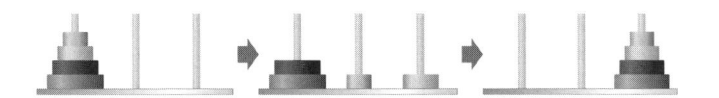

> すべての円盤を左端の棒から右端の棒へ
> 小さい円盤が大きな円盤の下敷きにならないよう移動する

（補足 1）図 1-2：ハノイの塔のイメージ

第 2 次 AI ブームは 1980 年代から 90 年代にかけて起こりました。このときは、「ルールベース」の手法が考案されました。これはエキスパートシステムに代表されます。専門家の知識を「もし A ならば B」のようにルール化したものを、大量にコンピュータに記憶させ、その知識をもとに問題を解かせることです。

しかし、この手法ではコンピュータは記憶した知識を辞書代わりにして、与えられた情報の中から問題の解を探し出すだけです。そのため、自分で知識を拡張することができないという弱点を抱えていました。また、当時のコンピュータは、専門家の持つ膨大な知識を記憶できる容量と、その知識を処理できる性能を持ちあわせていませんでした。これらの理由から、まだ「人間の知能を表現できない」と判断され、再度ブームは収束しました。

> もし ×× ならば、●● しましょう。
> if ×× then ●●
> AI

> 専門家の知識をルール化しコンピュータに記憶させる

（補足 1）図 1-3：エキスパートシステムのイメージ

第 3 次 AI ブームを牽引している要因は、データ流通量の激増と、コンピュータ性能の目覚ましい向上です。取り分け IoT（Internet of Things：モノのインターネット）デバイスの数は右肩上がりで、2020 年には 300 億個に達すると予測されています（図 1-4（左））。そして、デバイス数の増加に比例してデータ流通量も増加し、2019 年には月次 160 エクサバイトに達すると予測されています（図 1-4（右））。

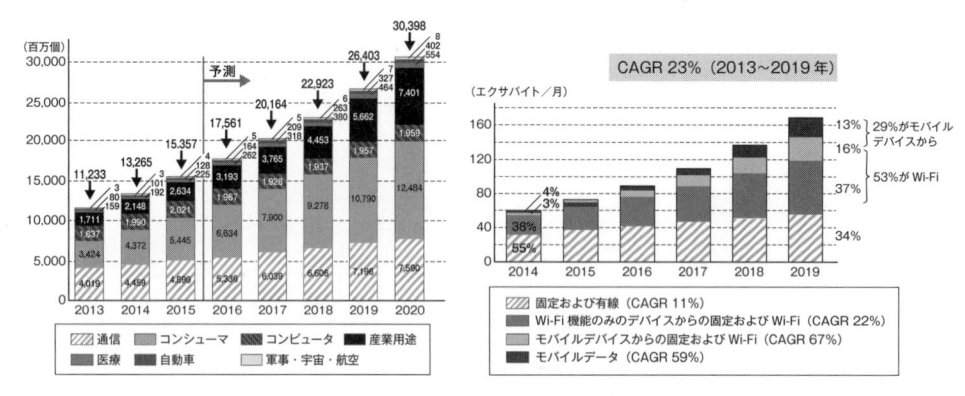

図 1-4：IoT デバイス数とデータ流通量

出典：総務省・情報通信白書「IoT 時代における ICT 産業動向分析（2016 年）」[2] より引用して編集

機械学習では、学習に使えるデータ量が多ければ多いほど、より深い知識を獲得することができます。しかし、コンピュータ性能が追いつかなければ、大量のデータを処理することができません。コンピュータ性能はムーアの法則に従うように右肩上がりで向上すると予測されています。最近は、個人用のコンピュータ（デスクトップ PC やノート PC）も演算処理速度が上がっているため、ビジネスシーンに限らずプライベートシーンでも、機械学習を活用するケースを耳にする機会が増えました。

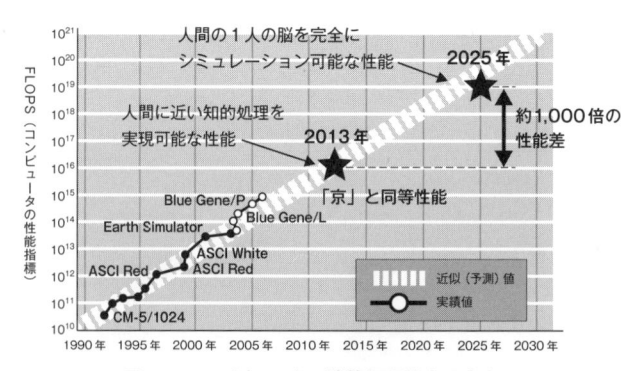

図 1-5：コンピュータの演算処理能力の向上

出典：総務省・情報通信白書「ICT がもたらす世界規模でのパラダイムシフト（2014 年）」[3] より引用して編集

※ 2　http://www.soumu.go.jp/johotsusintokei/whitepaper/ja/h28/pdf/n2100000.pdf
※ 3　http://www.soumu.go.jp/johotsusintokei/whitepaper/ja/h26/html/nc131110.html

このような背景があり、ビジネスの現場でもプライベートな場でも、AI 技術の習得と活用が活発化しています。そして本書の狙いは、AI 技術の中で注目を集めているディープラーニングの仕組みを理解し実装することで、AI 技術をどのように活用できるか、イメージを掴めるようになることです。

1.1.2 機械学習とは？

ディープラーニングを理解するために、まず機械学習について学んでいきましょう。

機械学習とは、「**機械にデータを解析させ、データに潜むルール（規則性）やパターンを発見し発展させていく処理**」を指します。データ量が数十件程度と少なければ人間がルールやパターンを発見できるかもしれませんが、現実のデータ量は大規模かつ構造が複雑であり、人間が処理できる範囲を超えています。そこで、この処理を機械に任せることで、役立つ知識をデータから効率よく得ることができます。

機械学習は次のようにデータを処理します。機械はまず、入力データとして「**学習データ**」を受け取り、そこから「**特徴量**」を抽出します。特徴量とは、個々のデータが持つ何らかの特徴を、数値化して表したものです。特徴量をどのように抽出すべきかを、人間が定義する必要があります。

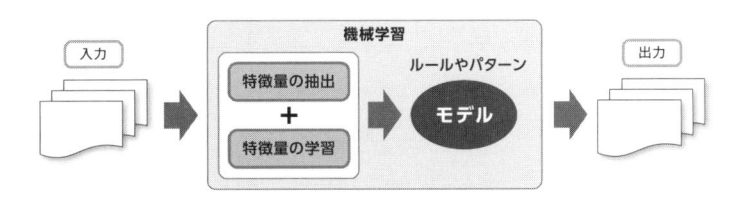

図 1-6：機械学習の仕組み

特徴量とは何なのか？　それを理解するために、次のような例を考えてみてください。

仮に、前から歩いてくる人間が、男性か女性かを見分ける（分類する）とします。図 1-7 において、シルエットではなく数値や Yes/No だけで判断するとしたら、どの属性に着目すべきでしょうか？

年齢	43 歳
出身地	東京都
身長	162cm
体重	58kg
視力	1.2
髪の長さ	38cm
スカート着用	はい
ハイヒール着用	はい
喉仏の凹凸	小

図 1-7：男女を見分けるために着目すべき属性は？

男女を見分けるために有効な属性は、髪の長さ、スカート着用、ハイヒール着用、喉仏の凹凸です。中でも特に有効な属性は、喉仏の凹凸でしょう。この例では、属性の値から、前から歩いてくる人は「女性」だと分かります。それ以外の属性は、男性にも女性にも当てはまる可能性があるので、分類を行うために有効とは言えません。図 1-7 からは特徴量として、「喉仏の凹凸」を抽出することができます。

　機械学習では、このようにして抽出した特徴量をもとに、ルールやパターンをモデル化します。

教師あり学習

　機械学習には主に、「**教師あり学習**」と「**教師なし学習**」に分けられます。教師あり学習は「予測」に使われ、教師なし学習は「知識発見」に使われます。

　教師あり学習では学習データとして、正解データ（**目的変数**と言います）を含むデータを入力に用います。そして、正解データを除く残りの入力データ（**説明変数**と言います）から得られる出力結果に注目します。その値が、できるだけ正解に近くなるような特徴量を探し出して、モデルを構築します。

　例えば生産機械の稼動ログから、どの機械が次に故障するかを予測するとしましょう。高い精度でその予測ができれば、早急にメンテナンスを行い、生産効率の向上を見込めるかもしれません。

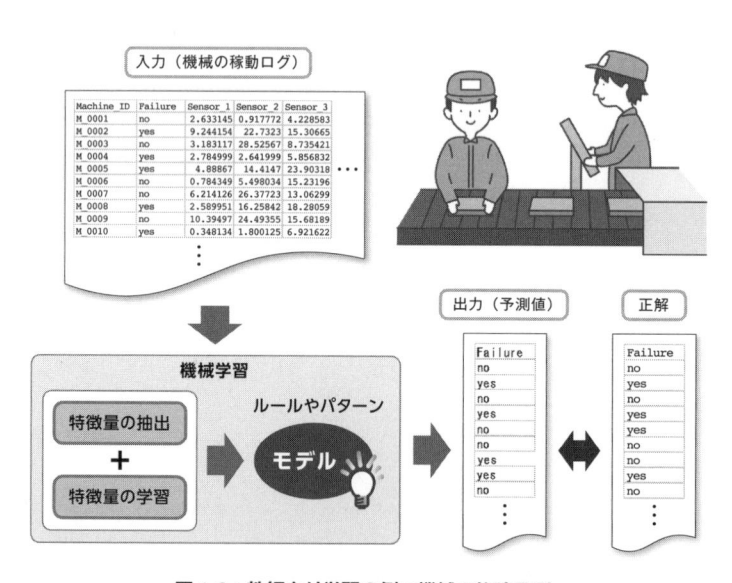

図 1-8：教師あり学習の例：機械の故障予測

　図 1-8 では、機械の稼動ログが入力データであり、そのうち Sensor1、Sensor2、……などのセンサ値が説明変数に該当します。このデータは Failure（故障）という項目に yes（故障）か

no（正常）かの値、すなわち正解データを持っています。それが図中右側に表したように、出力（予測値）に対する目的変数となります。なお、特徴量の抽出と学習の仕方については、図 1-11 で改めて説明します。

教師なし学習

　教師なし学習では、正解データを含まない（目的変数がない）入力データを用います。そして、入力データから特徴量を抽出してモデルを構築します。

　例えば、顧客の属性情報から、好みの類似した顧客同士でグループ分けすることが考えられます。顧客を明確にグループ分けできれば、それぞれのグループに属する顧客に適した商品を推薦することで、売上増大を見込めるかもしれません。

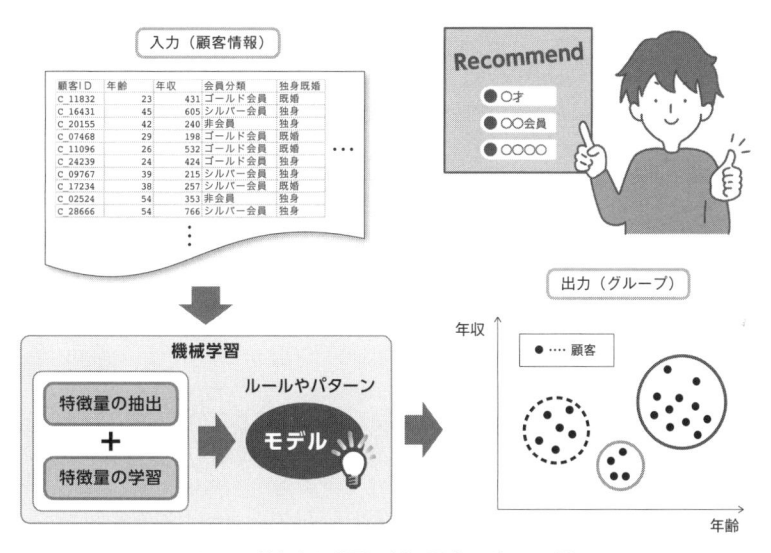

図1-9：教師なし学習の例：顧客のグループ化

　図 1-9 の入力データ（顧客情報）には、図 1-8 のときと異なり、目的変数がありません。あるのは年齢や年収などの説明変数のみです。そこから、顧客をグループ分けした結果が出力されています。どのようにして特徴量を抽出し、学習を行うのかについては、図 1-12 で改めて説明します。

学習の手法と活用例

　教師あり学習と教師なし学習のそれぞれにおいて、使用する主な手法と活用例を示します。

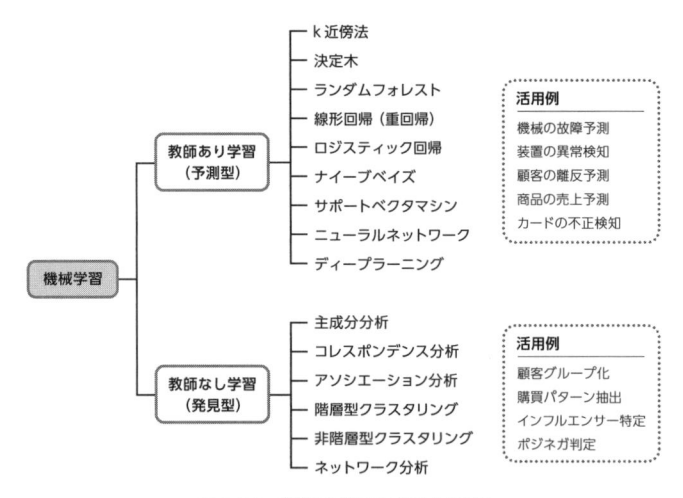

図1-10：機械学習の手法と活用例

「教師あり」と「教師なし」の手法から1つずつピックアップして、およそのイメージを説明します。

まず、教師あり学習の中から、機械の故障予測を例に、「**決定木**」と呼ばれる手法を説明します。

機械の稼動ログの例では、機械に取り付けたセンサのデータと、機械が正常であるか故障であるかの正解データを使って、正常か故障かを分類する分類モデルを作成することができます。図1-11からは、故障するパターンが見えてきます。すなわち、Sensor_2の値が24.032以下であり、Sensor_3の値が1.442を超え、Sensor_5の値が1.166を超え、Sensor_6の値が0.933を超える場合であると分かります。Sonsor_2からSensor_6に向けて、値の条件が枝分かれしながら絞り込まれ、求める解に辿り着いています。この決定木において、分類に使える変数すなわち特徴量はSensor_2、Sensor_3、Sensor_5、Sensor_6です。そして、正解データ（目的変数）を持たない未知のデータに対してこの分類モデルを適用すれば、その機械が正常であるか故障間近であるかを予測することができます。

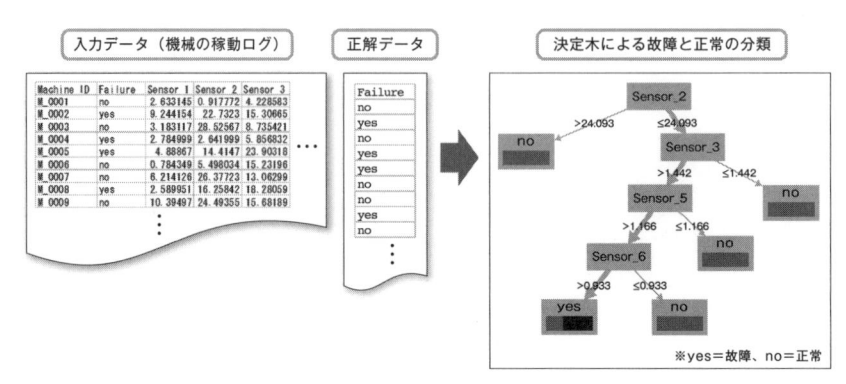

図1-11：決定木による分類モデル

続いて、教師なし学習の手法として、顧客のグループ分けを例に、「**k-means 法**」（非階層型クラスタリング）と呼ばれる手法を説明します。

顧客マスタと購買履歴を使うと、特徴の似た顧客をグループ化するクラスタモデルを作成することができます。図 1-12 では、「年齢」・「年収」・「購入回数」という軸の上で、顧客がグループに分かれています。購買意欲を促進すべくクーポンを発行する場合、同一グループに属する顧客には同じ内容のクーポンを発行すれば効果的でしょう。

この例では、「年齢」・「年収」・「購入回数」という 3 つの軸を尺度に選んだときに、顧客をきれいにグループ分けすることができました。つまり、この 3 つが特徴量として抽出されたわけです。特徴量の抽出は、例えばこのようにして行われます。

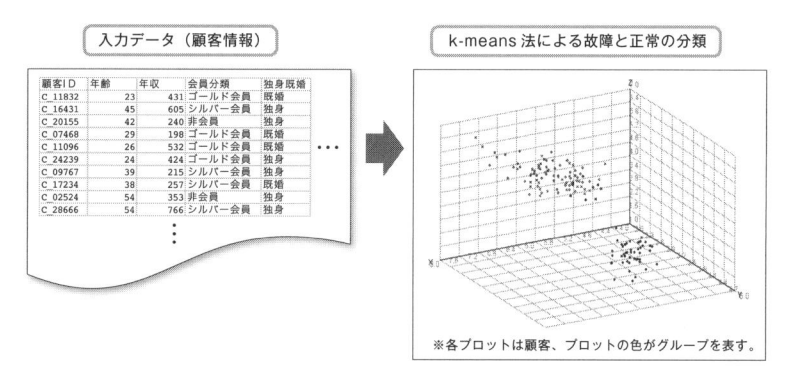

図 1-12：k-means 法によるクラスタモデル

教師あり学習の手法：ニューラルネットワーク

教師あり学習の手法の 1 つである「**ニューラルネットワーク**」は、ディープラーニングのもととなりました。ニューラルネットワークは、人間の脳の神経細胞を模した数理モデルです。

例えば、次のような状況を想像してください。コーヒーの注がれたコップがテーブルに置いてあり、何かの拍子で、そのコップがテーブルから落ちそうになるところを目撃するとします。多くの人は過去の経験から、コップが床に落ちると中身がこぼれることを知っているので、コップが落ちる前に手を伸ばして掴みます。

このとき人間の脳は、目撃した映像を信号（入力）として受け取ります。その信号は、シナプスを介してニューロン（神経細胞）へ次々とネットワークのように伝わり、「もしコップがテーブルから床に落ちたら中身がこぼれる」というルールを構築します。コーヒーがこぼれることは悪い状態なので、脳はコップを掴むよう命令（出力）します。

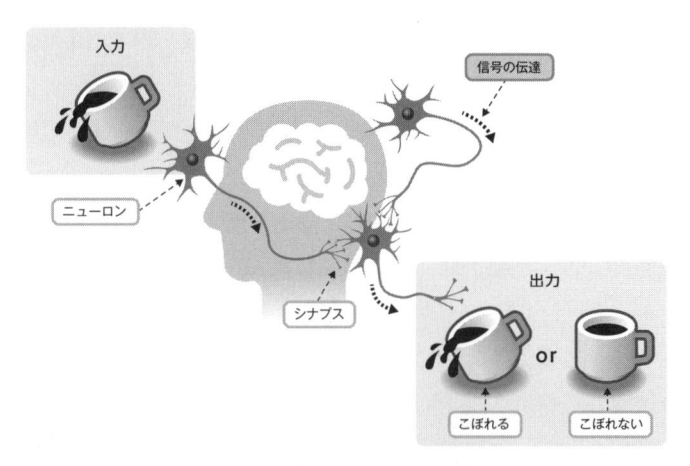

図1-13：脳のネットワークの働き

　ニューラルネットワークは、このような脳のネットワーク構造をもとに考案されました。この
ネットワークは「**入力層**」、「**中間層（隠れ層）**」、「**出力層**」を持つ階層構造で構成されます。図
1-14 のように、各層には「○」で表現された**ノード**がいくつも配置され、それぞれのノード間は
「—」で表現された**エッジ（リンク）** で結ばれます。

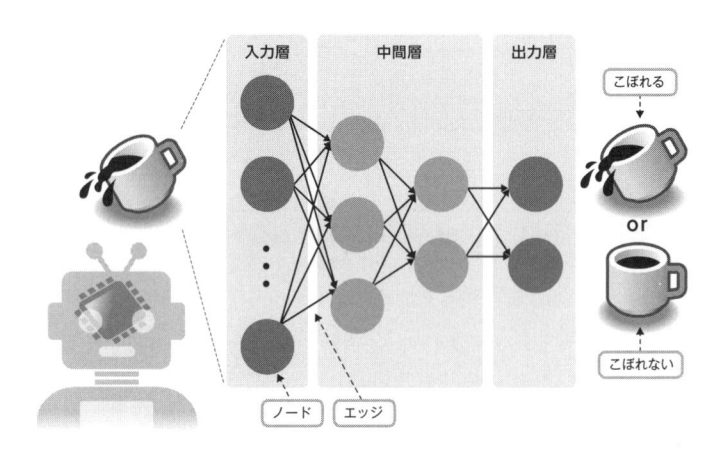

図1-14：ニューラルネットワークの働き

　ニューラルネットワークは、入力層から出力層へ向かって順にデータを伝播させていきます。
各層のノードには数値データが格納されます。異なる層間のノード同士はエッジで結合している
ため、ノードに格納された数値データは、エッジを介して次のノードへと伝播していきます。こ
のとき、エッジには「重み」が付与されています。データが入力層から伝播して出力層へたどり
着けば、出力値（予測値）を得ることができます。中間層では、予測の精度を高めるための学習
を行います。これらニューラルネットワークの仕組みや学習の方法については、第３章で改めて
説明します。

1.1.3　ディープラーニングとは

　ディープラーニングは、ニューラルネットワークの中間層が複数層あるモデルを構築できるため、「**ディープニューラルネットワーク**」（**Deep Neural Network：DNN**）とも呼ばれます。ディープラーニングは 2006 年にトロント大学の Hinton 博士が考案しました[4]。ディープラーニングが世に広く知られるようになったきっかけは、2012 年に Google 社が「膨大な教師なしの画像データから機械が猫を自動的に認識した」と発表したことです[5]。また、2015 年に同社は囲碁ソフト Alpha Go がプロ棋士に勝利したと発表しました。これらのエポックが社会に衝撃を与え、ディープラーニングは広く知れ渡るようになりました[6]。

　ディープラーニングの基本的な形として、すべてのノードがエッジで結ばれた「全結合」のニューラルネットワークがあります。なお本書では次章以降、ネットワーク図について、図 1-15 の下段のように簡略化して表現します（第 3 章の 3.1、3.2 節を除く）。

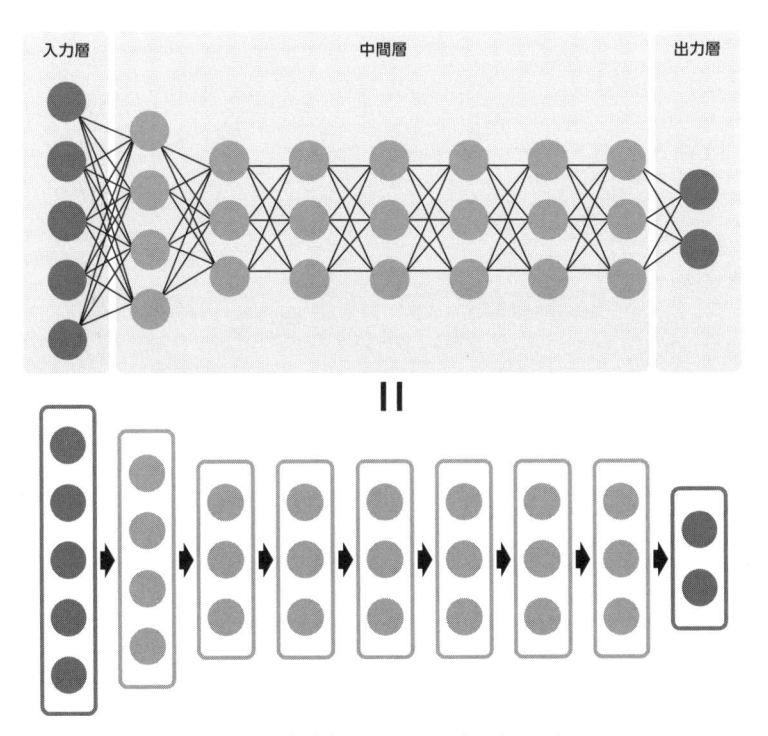

図 1-15：全結合のニューラルネットワーク

※ 4　http://www.cs.toronto.edu/~hinton/science.pdf
※ 5　https://googleblog.blogspot.jp/2012/06/using-large-scale-brain-simulations-for.html
※ 6　https://research.googleblog.com/2016/01/alphago-mastering-ancient-game-of-go.html

ディープラーニングはニューラルネットワークから発展したので、「機械学習の手法である」と言えます。しかし他方では、「従来の機械学習とは異なる学習である」という見方もできます。その理由は、特徴量の抽出にあります。機械学習では、人間が特徴量を抽出するための定義を行う必要があります。しかしディープラーニングでは、**機械が学習の中で特徴量を自動的に抽出**します。

　ディープラーニングは特に画像や音声、言語などの「**非構造化データ**」から特徴量を抽出し、精度の高いモデルを構築することに長けています。これらのデータは説明変数の数（次元数）が多く、特徴量の抽出が難しいのです。そのため、従来の機械学習の手法を用いて精度の高いモデルを構築するには、画像や信号処理、自然言語処理の専門知識が必要です。その点、ディープラーニングを用いれば、機械が自動的に特徴量を抽出してくれるので、専門知識が少なくても精度の高いモデルを構築することができます。

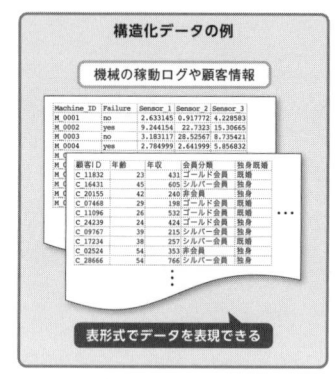

図 1-16：構造化データと非構造化データ

※機械の稼動ログ（センサデータ）は半構造化データとしても扱われます。

　ディープラーニングのニューラルネットワークには、図 1-15 に示した基本的な全結合の構成以外にも、データの種類や用途に応じて様々なネットワーク構成があります。

　例えば画像データに対しては、「**畳み込みニューラルネットワーク**」（**Convolutional Neural Network：CNN**）がよく使われます。CNN では、中間層に「畳み込み層」と「プーリング層」を導入します。この 2 種類の層により、データの特徴をより適切に抽出することができます。詳細な仕組みは第 4 章で改めて説明します。CNN は被写体認識や異常検知などに活用することができます。

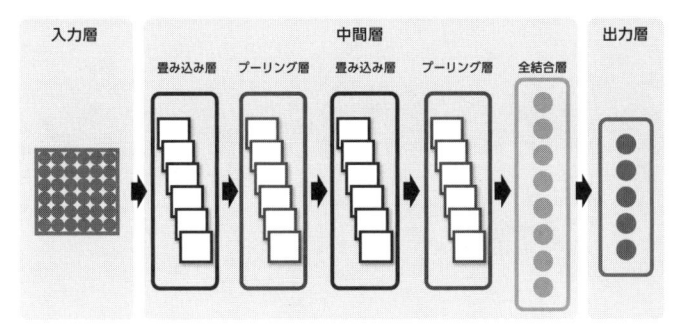

図 1-17：CNN

　テキストや音声データに対しては、「**再帰型ニューラルネットワーク**」（**Recurrent Neural Network：RNN**）がよく使われます。RNN では、その時点の中間層のデータだけでなく、過去のものも使って学習します。詳細な仕組みは第 5 章で改めて説明します。RNN は機械翻訳や校正などに活用することができます。Gmail において、メール返信文の候補を自動的に生成する機能 Smart Reply にも採用されています[7]。

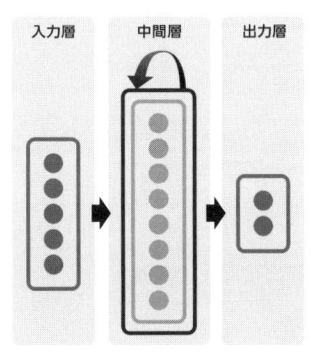

図 1-18：RNN

　ディープラーニングはほかにも、製造ラインにおける異物混入の検知、音声検索エンジン、翻訳システム、商品情報（レコメンデーション）など、私たちの身の回りのサービスに組み込まれており、今後も幅広い分野で活用され、より発展を遂げていくことでしょう。

※ 7　https://research.googleblog.com/2017/05/efficient-smart-reply-now-for-gmail.html

1.2 ディープラーニングのライブラリ

　ディープラーニングの仕組みは、プログラミング言語を使って実装することができます。一から自力で実装するのもよいでしょう。しかし、よく使う関数がライブラリの形でまとめて提供されており、それらを使用する方がはるかに効率的です。ここでは、有名なライブラリをいくつかピックアップして説明します。2015年12月の時点で、ディープラーニングを実装できるライブラリとして、50種の存在が確認されています[8]。そのうち5つを表1-1で紹介します。

表1-1：ディープラーニングを実装できるライブラリ

名称	開発元	対応OS	言語	ライセンス
Caffe	Berkeley Vision and Learning Center	・Mac OS ・Ubuntu	・C++ ・Python	BSD 2-Cause license
Chainer	Preferred Networks	・Ubuntu ・CentOS	・Python	MIT License
H2O	H2O.ai	・CentOS ・Ubuntu	・Java ・Python ・R ・Scala	AGPL
TensorFlow	Google	・Mac OS ・Ubuntu ・Windows	・C++ ・Go ・Java ・Python	Apache 2.0 open source license
Theano	モントリオール大学	・Mac OS ・Ubuntu ・Cent OS ・Windows	・Python	オープンソース

　表1-1に示す、すべてのライブラリはUNIX系のOS上で動作し（一部Windows OS上で動作するものも含む）、Pythonから呼び出すことができます。Pythonはプログラミングの初心者にとって実装しやすい言語であり、機械学習に関するライブラリが豊富に揃っています。

　表のうちH2Oは、Rからも呼び出すことができます。R言語は統計解析に強いことが知られ

※8　http://kdnuggets.com/2015/12/deep-learning-tools.html

ていますが、機械学習に関するライブラリも揃っています。また、H2O は GUI のデータ分析ソフトである RapidMiner からも呼び出せます。

　どのライブラリもオープンソースなので、個人で手軽にディープラーニングの実装を試すことができます。しかし、これから始める人にとっては、どのライブラリを使えばよいか悩みどころです。例えば、開発元からチュートリアルやマニュアルが豊富に提供されているもの、あるいは実用例が多いものを選択してもよいでしょう。

　データマイニングの情報サイト KDnuggets が実施したアンケート「データ分析、機械学習、ディープラーニングに使用したソフト／ツールは何か？」の結果を見ると、ディープラーニング部門で 1 位を獲得したのは、Google 社の「TensorFlow」でした[9]。TensorFlow は度重なるバージョンアップによって機能を向上し続けており、また、Google 社のアプリケーションに組み込まれていることから、信頼性が高いと言えます。

補足 2　プログラミング言語 Python と R

　Python と R は C や C++ などの高級言語に比べて扱いやすく、これからプログラミングを始める初心者にも、また機械学習の初心者にもお勧めしたい言語です。データマイニングの情報サイト KDnuggets が実施したアンケート「データ分析、機械学習、ディープラーニングに使用したソフト／ツールは何か？」の結果では、総合評価において Python は 1 位、R は 2 位と上位を占めました。特に Python は、2015 年から 2016 年にかけ、大幅に利用者が増えていることが分かります。

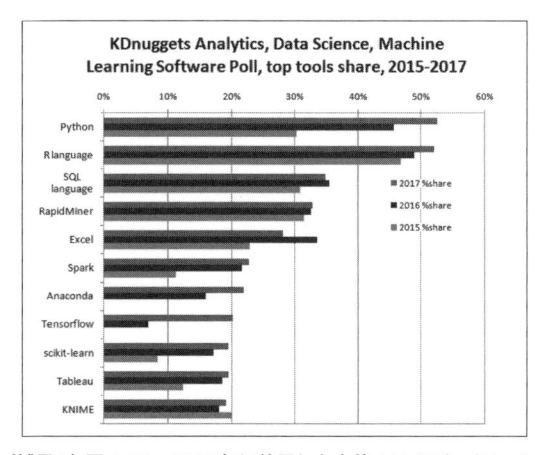

（補足 2）図 1-19：2016 年に使用した上位 11 ソフト／ツール

※ 9　http://www.kdnuggets.com/2017/05/poll-analytics-data-science-machine-learning-software-leaders.html

Python も R も機械学習ライブラリを呼び出せるので、使用したい機械学習の手法が、どちらに準備されているかで使い分ければよいでしょう。一般に、Python は R に比べ機械学習ライブラリが多く、逆に R は Python に比べ統計解析ライブラリが多いと見られています。また、Python では機械学習に必要なライブラリをまとめて簡単にインストールすることができます。ですので、これから機械学習を始める人は、Python の環境を準備するとよいでしょう。

1.2.1　TensorFlow

　TensorFlow は、ディープラーニングを含め機械学習を実装できるオープンソースのライブラリであり、2015 年 11 月に Google 社が公開しました[10]。Apache 2.0 ライセンスの下で、商用非商用を問わず利用できます。

　TensorFlow の前身は DistBelief と呼ばれるプラットフォームであり、2012 年に Google 社が発表した猫の自動認識に使われていました。DistBelief は Google 社内の環境に依存していましたが、オープンソースとして公開できるよう、処理速度を向上しスケールアウトできるなどの改良を加えられたものが TensorFlow です。

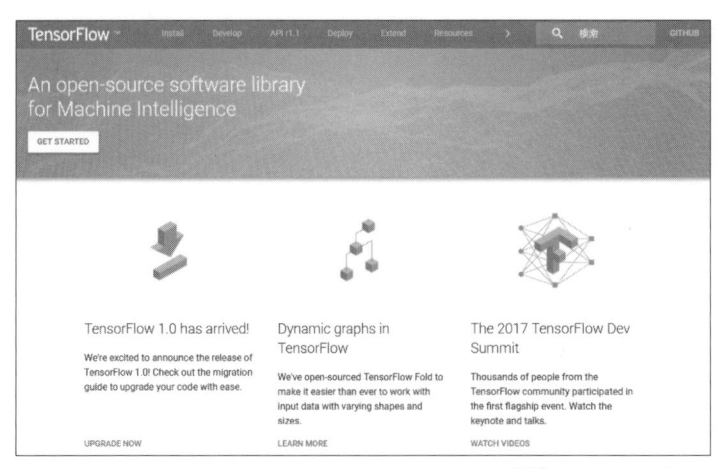

図 1-20：TensoFlow 公式ウェブサイト[10]

　Google 社は TensorFlow を、ライブラリとして提供するだけでなく、自社のサービスにも利用しています。例えば、被写体認識や音声検索、翻訳や Gmail 返信文の推薦機能などが挙げら

※ 10　https://www.tensorflow.org/

れます。このように、TensorFlowは商用アプリケーションの実装にも使われているため、個人
利用からビジネス利用までをカバーする強力なライブラリであると言えます。

　次に、TensorFlowの基本的な計算処理についてみていきましょう。TensorFlowは「**計算グ
ラフ**」と呼ばれる概念を使って数値計算を行います。グラフのノードは、数値データを入れる変
数か、または数値データの演算処理の役割を果たします。グラフのエッジは、ノードからノード
へと数値データを渡す役割を果たします。このとき、数値データは多次元配列の形式（テンソル）
で表現されます。

　単純な足し算の例で説明しましょう。TensorFlowで実装するには、演算を行う変数node1
とnode2を用意し、それぞれに値を代入します。そして、ノード間の足し算を実行して、新た
な変数node3へ結果を代入します。

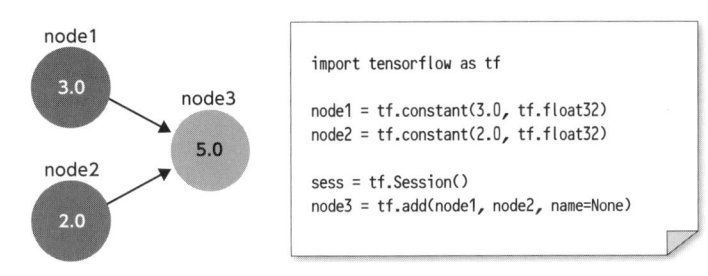

図1-21：計算グラフのイメージ

　TensorFlowを使うと、このように計算グラフを構築して、ディープラーニング含む機械学習
を実装できます。TensorFlowの公式Webサイトでは、TensorFlowのインストール方法、い
くつかのチュートリアルやサンプルコードが公開されており、これから学び始める人のために十
分な情報が提供されています。

　それでも、機械学習の知識がなく実装も未経験の方は、TensorFlowを使うことに対し敷居が
高いと感じるかもしれません。そこで本書では、TensorFlowをベースにしており、より直感的
かつ容易に実装できるライブラリである「**TFLearn**」を使ってディープラーニングを習得してい
くことにします。

TFLearn

TFLearn は TensorFlow と完全に互換性があり、Python で実装できます。また、TensorFlow と同じくオープンソース（MIT ライセンス）です[11]。

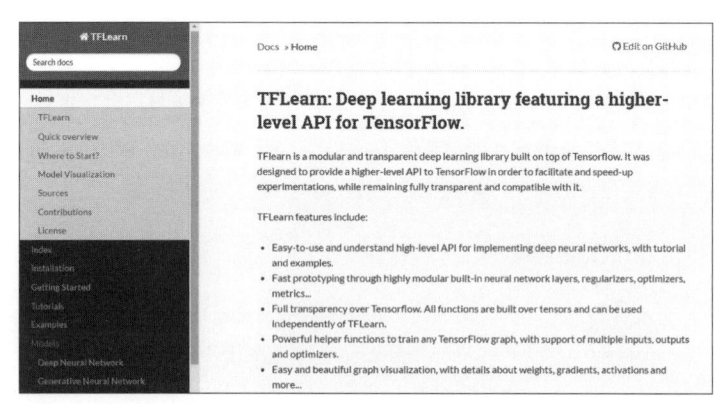

図 1-22：TFLearn 公式 Web サイト[11]

TFLearn の特長は、Python から呼び出せる機械学習ライブラリ **scikit-learn** の文法に似て直感的に操作でき、TensorFlow よりも少ない労力で実装できることです。例として、TensorFlow と TFLearn のそれぞれにおいて、ニューラルネットワークの中間層を構築するコードを比較してみます。

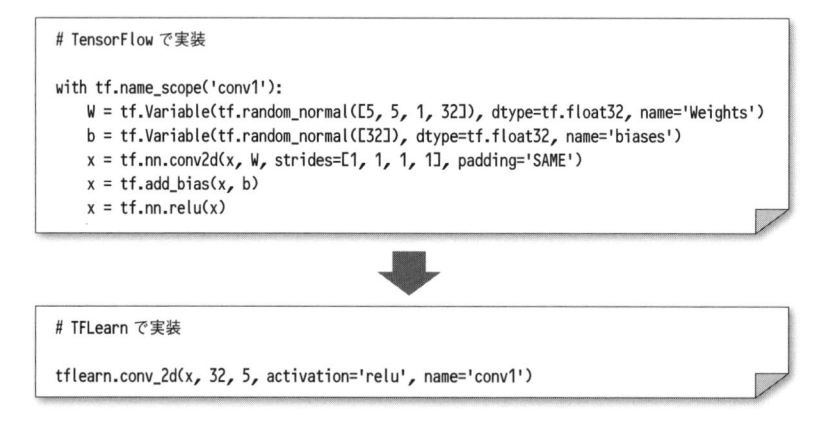

```
# TensorFlow で実装

with tf.name_scope('conv1'):
    W = tf.Variable(tf.random_normal([5, 5, 1, 32]), dtype=tf.float32, name='Weights')
    b = tf.Variable(tf.random_normal([32]), dtype=tf.float32, name='biases')
    x = tf.nn.conv2d(x, W, strides=[1, 1, 1, 1], padding='SAME')
    x = tf.add_bias(x, b)
    x = tf.nn.relu(x)
```

```
# TFLearn で実装

tflearn.conv_2d(x, 32, 5, activation='relu', name='conv1')
```

図 1-23：TensorFlow と TFLearn で実装を比較

※ 11　http://tflearn.org/

ここでは、中間層として畳み込み層を構築しました。畳み込み層については第 4 章で説明します。このほか TensorFlow で用意されている機能も使用でき、TFLearn は非常に使い勝手がよいと言えます。

　TFLearn の公式 Web サイトには、インストール方法、使用できる関数の説明、サンプルコードが公開されており、これから学び始める人のために十分な情報が提供されています。それでも、操作につまずきそうな箇所もあるので、次章から順を追って説明していきます。第 2 章では、TFLearn を使ってディープラーニングを実装するための環境について、第 3 章では、全結合のニューラルネットワークの仕組みと画像分類の実装方法、第 4 章では CNN と画像分類の実装方法、第 5 章では RNN とテキスト分類の実装方法について説明します。

補足 3 **Python の機械学習ライブラリ scikit-learn**

　scikit-learn は Python から呼び出せるオープンソース（BSD ライセンス）の機械学習ライブラリです。scikit-learn1 つをインストールするだけで、k 近傍法や決定木、サポートベクタマシンなどといった、一般によく知られているアルゴリズムを使用することができます。

　先ほどの図 1-19（データ分析、機械学習、ディープラーニングに使用したソフト／ツールは何か？）の結果からも、2015 年から 2016 年にかけ、使用者が 2 倍に急増していることが分かります。

　なお、scikit-learn を使う場合は、数値計算ライブラリの NumPy と Scipy、グラフ描画ライブラリの Matplotlib もインストールしておくとよいでしょう。

Chapter 2

ディープラーニングの実装準備

本章ではディープラーニングを実装するための環境を構築し、実装に使用するツールの使い方を学びます。

2.1 ディープラーニングの環境構築

本書ではディープラーニングの実装環境として、Windows 7（64bit）をホスト OS とし、その上に Ubuntu 14.04（64bit）をゲスト OS（仮想 OS）として稼働させる前提で進めていきます（図 2-1）。実装はゲスト OS である Ubuntu 14.04 の上で行います。

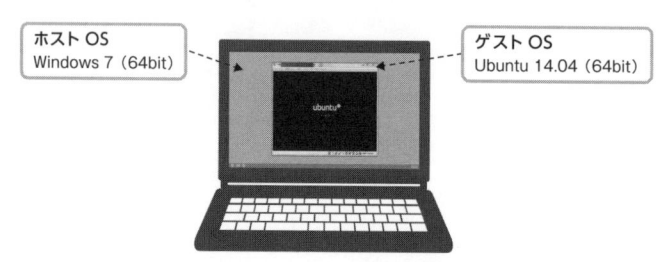

図 2-1：ディープラーニングの実装環境

2.1.1 VirtualBoxのインストール

VirtualBox（Oracle VM VirtualBox）はホスト OS 上でゲスト OS を実行するための仮想化ソフトウェアです。ここでは、Windows 7（64bit）をホスト OS とし、Ubuntu 14.04（64bit）をゲスト OS として実行するために使用します。ホスト OS には Windows 以外に Mac や Linux も利用できますが、ここでは扱いません。

まずは、VirtualBox ダウンロードページ[1] の **Windows host** をクリックし、インストーラを入手します（図 2-2）。以降、ネットワークに接続した PC に開発環境を構築していきます。

---

[1]　https://www.virtualbox.org/wiki/Downloads

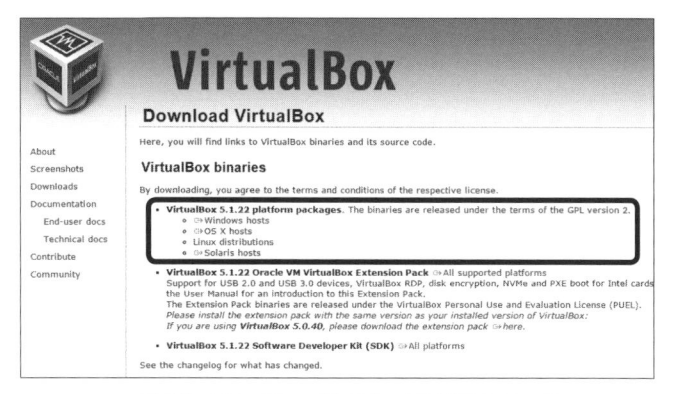

図2-2：VirtualBox インストーラのダウンロード

　VirtualBox をインストールしましょう。ダウンロードしたインストーラを実行し、最初の画面で、**[Next >]** をクリックしインストールのための設定を行います。図2-3 の画面で、インストールフォルダが既定の場所（Location の右に表示されている場所）で問題なければ、何も変更せず **[Next >]** をクリックします。

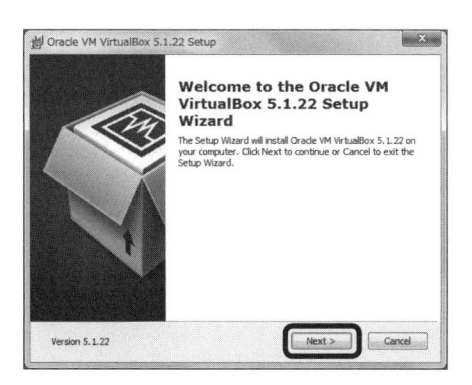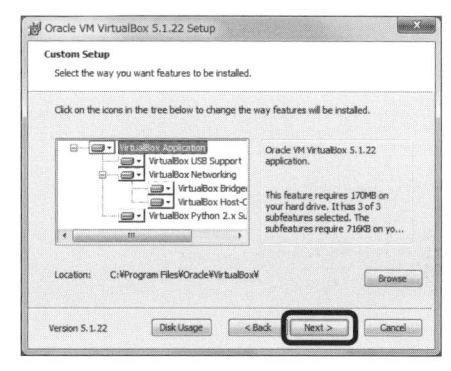

図2-3：VirtualBox のインストール (1)

　ネットワーク接続が一時切断されますので、ネットワーク接続が必要なアプリケーションが起動している場合は停止してから **[Yes]** をクリックします。デスクトップにアイコンを作成するなど、必要に応じてチェックを入れ、**[Next >]** をクリックします（図2-4）。

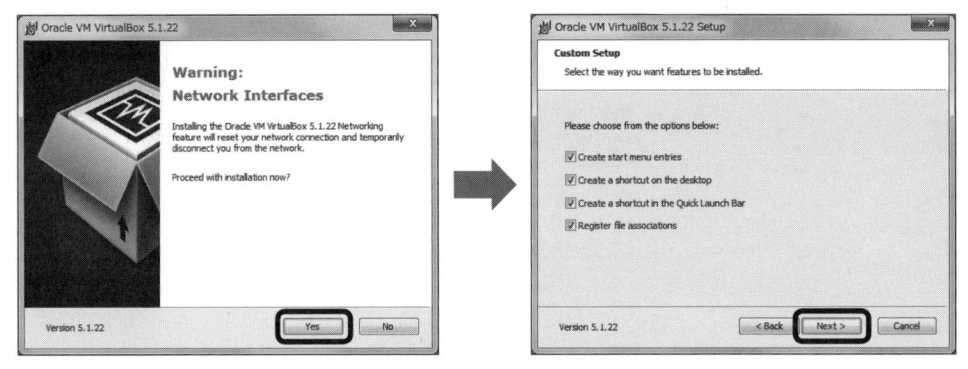

図 2-4：VirtualBox のインストール (2)

　もし設定内容を変更したいときは、[< Back] で戻って修正しましょう。問題なければ **[Install]** をクリックします。Windows からインストーラを信頼するかどうかを問われますので、「"Oracle Corporation" からのソフトウェアを常に信頼する（A）」にチェックを入れ **[インストール (I)]** をクリックします（図 2-5）。

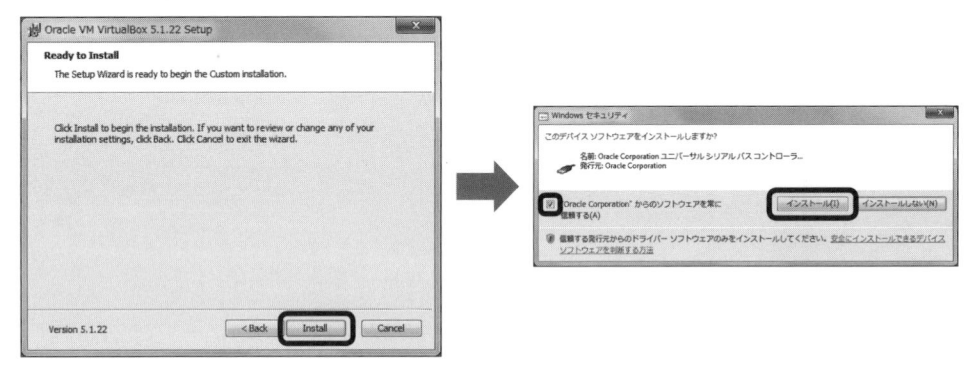

図 2-5：VirtualBox のインストール (3)

　その後しばらく待つとインストールが完了します（図 2-6）。

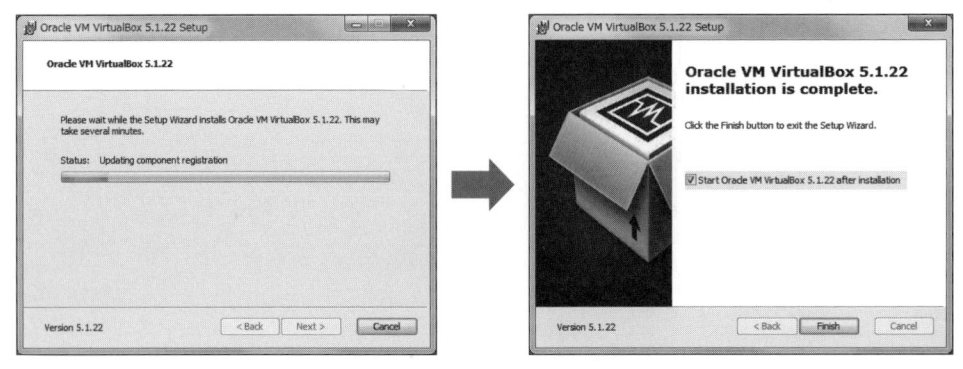

図 2-6：VirtualBox のインストール (4)

完了を知らせる画面で [**Finish**] をクリックすると、**Oracle VM VirtualBox マネージャー**が起動します (図 2-7)。

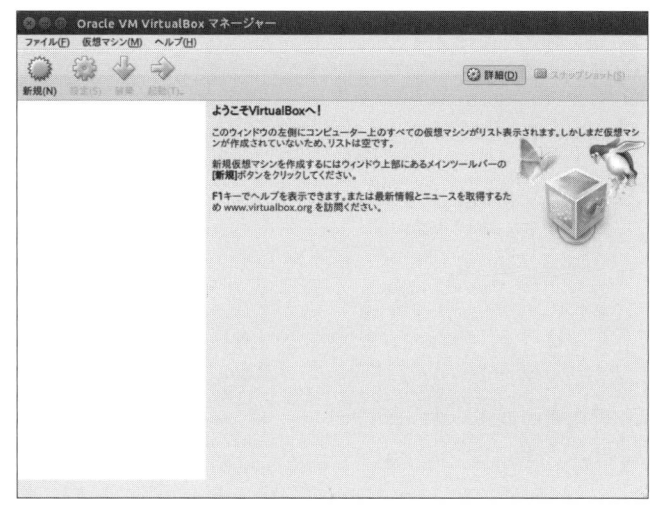

図 2-7：Oracle VM VirtualBox マネージャー

インストールが完了すると、デスクトップに Oracle VM VirtualBox マネージャーのアイコンが作成されています。このアイコンをダブルクリックして、Oracle VM VirtualBox マネージャーを起動することもできます。

2.1.2　Ubuntuのインストール

Ubuntu はオープンソースの Linux OS の 1 つであり、32bit 版と 64bit 版があります。私的利用・ビジネス利用ともにデスクトップ OS のシェアは Windows が圧倒的ですが、機械学習やディープラーニングを行うにあたってはコマンドを使った操作が多くなるため Linux OS が便利です。

仮想ハードディスクイメージのダウンロードページ[※2]にアクセスし、Ubuntu 14.04 LTS の仮想イメージ **ubuntu-ja-14.04-desktop-amd64-vhd.zip** をダウンロードします（図 2-8）。

※2　https://www.ubuntulinux.jp/download/ja-remix-vhd

図 2-8：Ubuntu 仮想イメージのダウンロード

　ダウンロードした圧縮ファイルは解凍しておきましょう。解凍すると **ubuntu-ja-14.04-desktop-amd64.vhd** が生成されます。

　Oracle VM VirtualBox マネージャーを起動します。画面左上の［新規（N）］をクリックすると、仮想マシンの作成画面が開きます。名前とオペレーティングシステムの画面で、仮想マシンの名前には**任意の名前**（ここでは TFBOOK）を入力し、タイプは **Linux**、バージョンは **Ubuntu（64-bit）** を選択し、［次へ（N）］をクリックします（図 2-9 左）。メモリーサイズの画面で、メモリーサイズを **2048MB 以上**に設定し、**［次へ（N）］** をクリックします（図 2-9 右）。

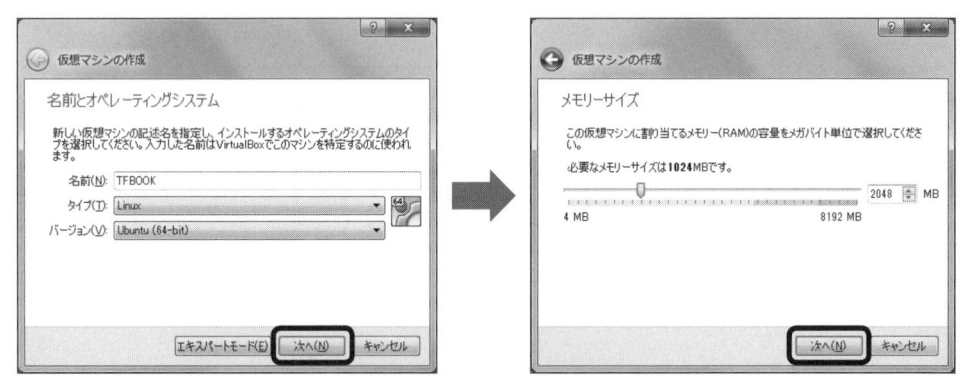

図 2-9：仮想マシンの作成画面 (1)

　ハードディスクの画面で、**［すでにある仮想ハードディスクファイルを使用する（U）］** を選択し、フォルダアイコンをクリックして、先に解凍しておいた **ubuntu-ja-14.04-desktop-amd64.vhd** を選択し、**［作成］** をクリックします。すると、Oracle VM VirtualBox マネージャーのメニューに仮想マシンの名前が表示されます（図 2-10）。

図 2-10：仮想マシンの作成画面 (2)

Oracle VM VirtualBox マネージャー画面の **[設定 (S)]** をクリックし、仮想マシンに割り当てるメモリ容量と CPU 数を変更することができます。デフォルトではメモリ容量が 2048MB、CPU 数が 1 コアです。ディープラーニングの学習には時間がかかるため、できるだけ多くのメモリと CPU を割り当てておきましょう。

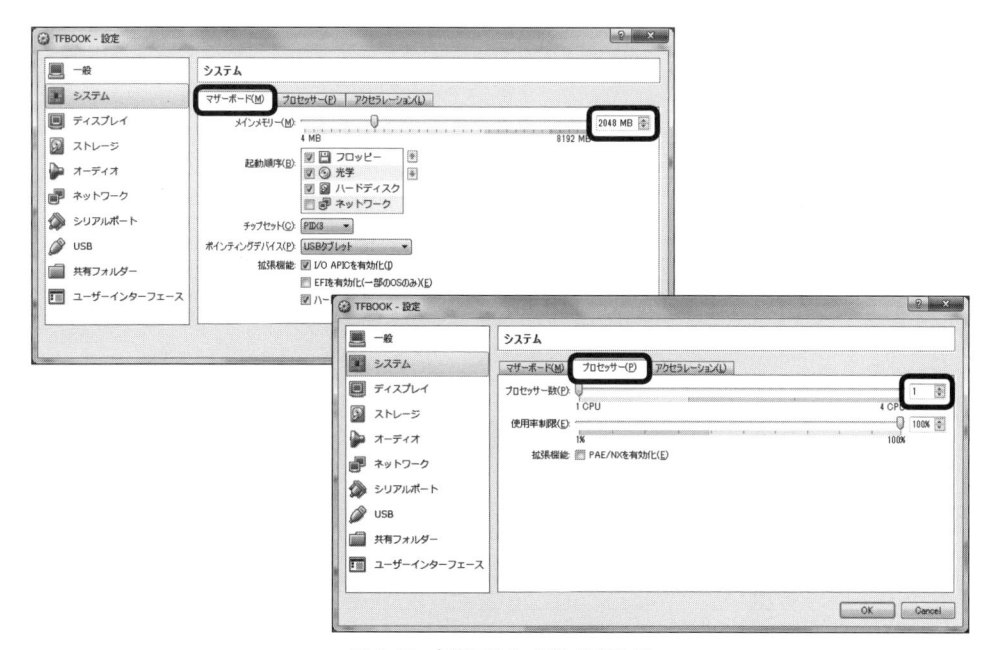

図 2-11：仮想マシンの作成画面 (3)

Oracle VM VirtualBox マネージャーのメニューに表示された仮想マシン名（ここでは TFBOOK）を選択し、**[起動 (T)]** をクリックすると、Ubuntu が起動します（図 2-12）。ここからは OS の初期設定を行っていきます。

図 2-12：仮想マシンの起動

「システム設定 - ようこそ」の画面で、「**日本語**」が選択されていることを確認し、**[続ける]** をクリックします（図 2-13）。

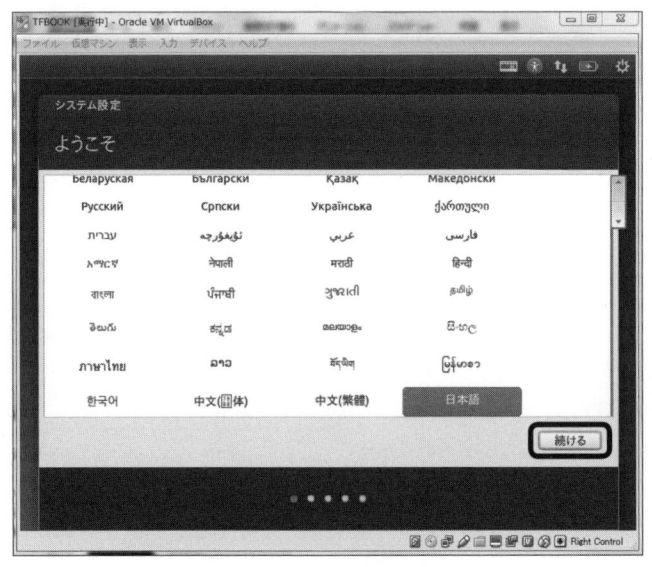

図 2-13：「ようこそ」画面の設定

「システム設定 - どこに住んでいますか？」の画面で、タイムゾーンに「**Tokyo**」が選択されていることを確認し、**[続ける]** をクリックします（図 2-14）。

図 2-14：「どこに住んでいますか？」画面の設定

「システム設定 - キーボードレイアウト」の画面で「**日本語**」が選択されていることを確認し、**[続ける]** をクリックします（図 2-15）。

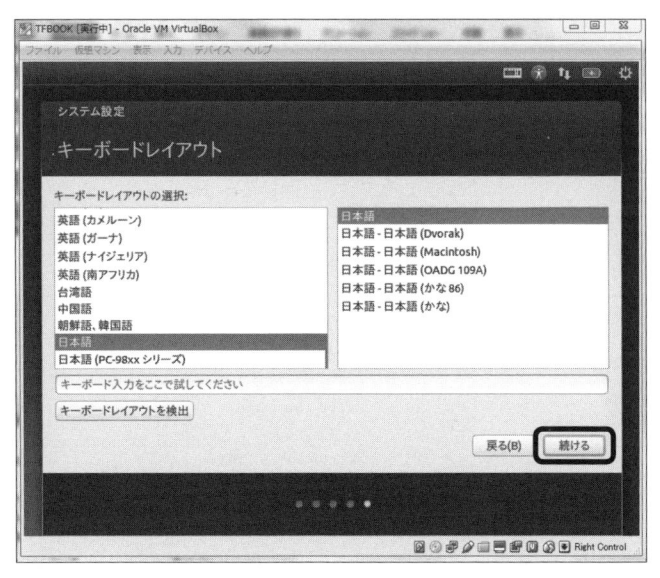

図 2-15：「キーボードレイアウト」画面の設定

「システム設定 - あなたの情報を入力してください」の画面で、［あなたの名前］に**任意の文字列**を、［コンピュータの名前］に**任意の名称**を、［ユーザー名の入力］に**任意のユーザー名**を、［パスワードの入力］に**任意の文字列**を入力します。［パスワードの確認］に、上段に入力したパスワードを再度入力します。**［ログイン時にパスワードを要求する］** が選択されていることを確認し、**［続ける］** をクリックします（図 2-16）。

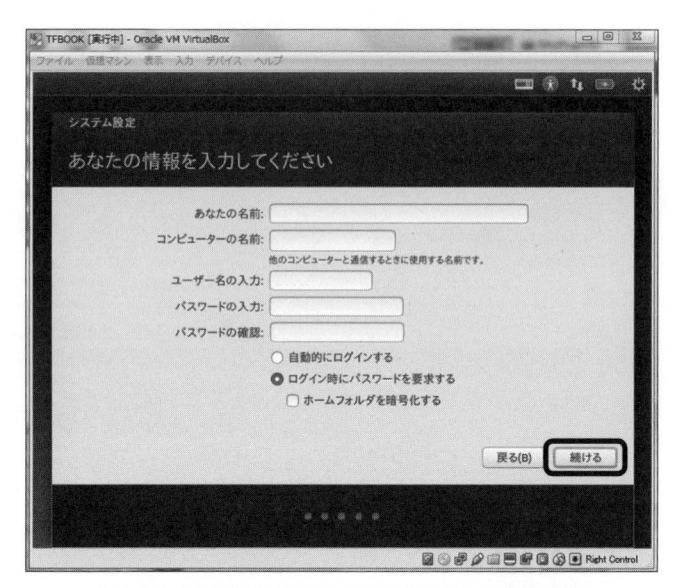

図 2-16：「あなたの情報を入力してください」画面の設定

　参考までに入力の設定例を記載します。本書の説明ではこれらの名称を使用します。

表 2-1：「あなたの情報を入力してください」画面の設定例

設定項目	項目値
あなたの名前	tfbook
コンピュータの名前	TFBOOK
ユーザー名の入力	tfbook
パスワードの入力	（任意の文字列）

　最終設定が完了するまで待ちます（図 2-17）。

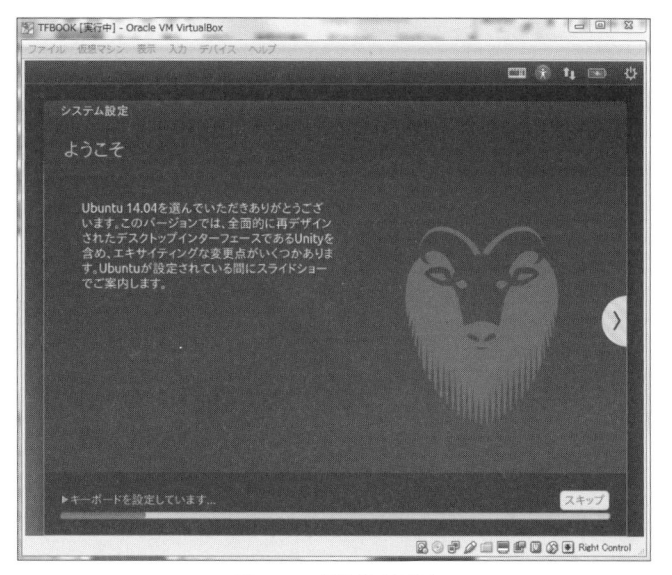

図 2-17：最終設定画面

ログイン画面に切り替わったら、パスワードを入力してログインします（図 2-18）。

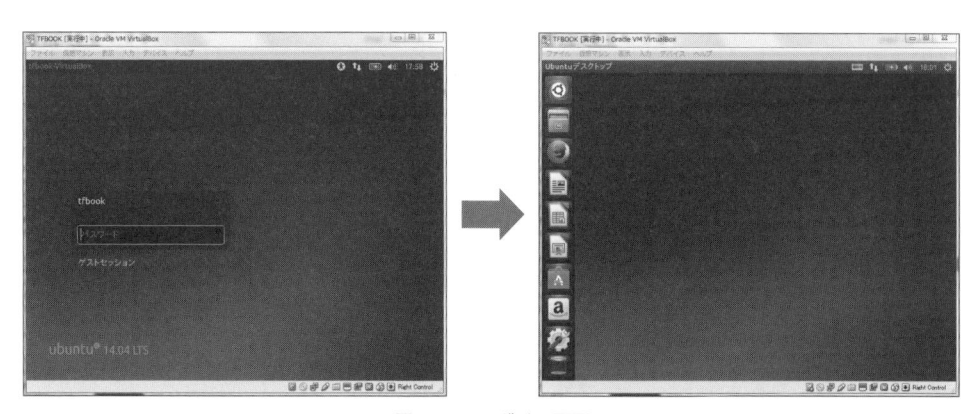

図 2-18：ログイン画面

シャットダウンするときは、デスクトップ画面右上のボタンをクリックし、**[シャットダウン]**をクリックします（図 2-19）。

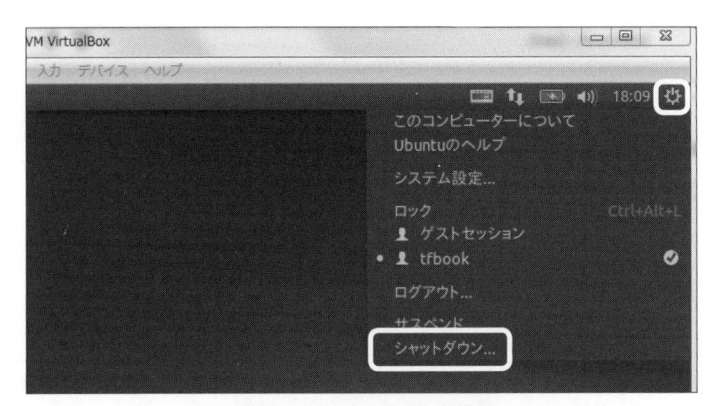

図2-19：シャットダウンの方法

2.1.3 Anacondaのインストール

　本書では、Pythonを使ってコードを記述し、ディープラーニングを実装します。Pythonには2系統と3系統のバージョンがあります。UbuntuにはすでにPython 2.7がインストールされていますが、Python 2系は開発が終了し今後は3系統が中心になるため、今回はPython 3.6を使用していきましょう。

　ここでは、「Anaconda」と呼ばれるパッケージソフトを使って、Python 3.6と機械学習に便利なPythonライブラリを一括でインストールします。また、Anacondaを使えば、プロジェクトごとにPythonの仮想環境を作成し使い分けることができます。AnacondaはContinuum Analytics社が開発・提供しており、無償版と有償版があります。有償版はサポートを受けられるほか、処理を高速化し並列化することができますが、ここでは無償版をインストールします。

　Anacondaは2017年8月時点で、バージョン4.4.0までダウンロードできます。Anacondaのダウンロードページ[3]からは、バージョン4.4.0のPython 3系統・64bit版インストーラである**Anaconda3-4.4.0-Linux-x86_64.sh**を入手できます。

　本書に載せている内容はバージョン4.3.1での実行を前提としています。インストーラ**Anaconda3-4.3.1-Linux-x86_64.sh**は、過去バージョンのダウンロードページ[4]から入手できます。バージョン4.4.0を使用する場合は、実行結果が本書の内容と異なる可能性があります。いずれかのインストーラをダウンロードしましょう。

※3　https://www.continuum.io/downloads
※4　https://repo.continuum.io/archive/

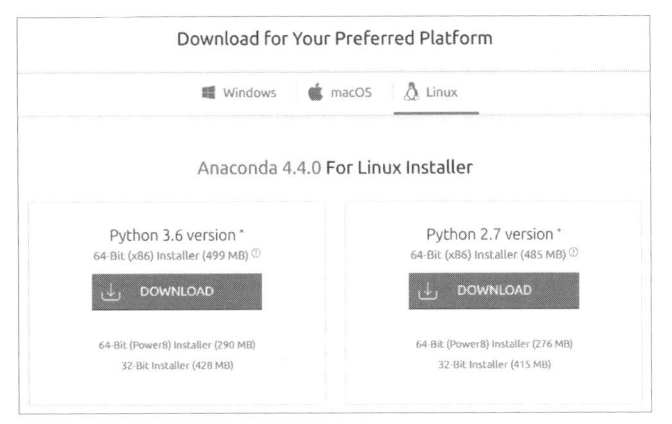

図 2-20-a：Anaconda インストーラのダウンロード（バージョン 4.4.0 のダウンロードページ）

Anaconda installer archive

Filename	Size	Last Modified
Anaconda2-4.4.0.1-Linux-ppc64le.sh	271.4M	2017-07-26 16:10:02
Anaconda3-4.4.0.1-Linux-ppc64le.sh	285.6M	2017-07-26 16:08:42
Anaconda2-4.4.0-Linux-x86.sh	415.0M	2017-05-26 18:23:30
Anaconda2-4.4.0-Linux-x86_64.sh	485.2M	2017-05-26 18:22:48
⋮		
Anaconda3-4.3.1-Linux-x86.sh	399.3M	2017-03-06 16:12:47
Anaconda3-4.3.1-Linux-x86_64.sh	474.3M	2017-03-06 16:12:24
Anaconda3-4.3.1-MacOSX-x86_64.pkg	424.1M	2017-03-06 16:26:27
Anaconda3-4.3.1-MacOSX-x86_64.sh	363.4M	2017-03-06 16:26:09
Anaconda3-4.3.1-Windows-x86.exe	348.1M	2017-03-06 16:19:46
Anaconda3-4.3.1-Windows-x86_64.exe	422.1M	2017-03-06 16:20:48

図 2-20-b：Anaconda インストーラのダウンロード（バージョン 4.3.1 のダウンロードページ）

　デスクトップ画面の左上の検索アイコンをクリックし、**terminal** と入力します。そして、**端末 (ターミナル)** アイコンをデスクトップ画面左側のアイコンメニューバーへドラッグ＆ドロップで追加します（図 2-21）。

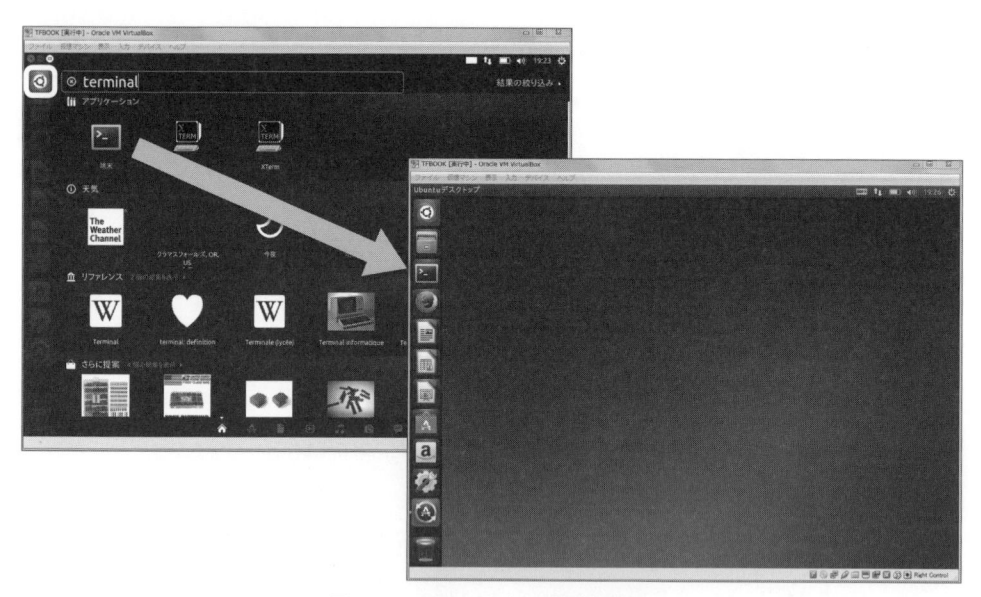

図 2-21：メニューバーに端末を追加

　端末アイコンをクリックし、端末を起動します。端末は起動した状態で、tfbook@tfbook-VirtualBox:~ と表示されています。**tfbook@tfbook-VirtualBox** は「設定したユーザー名（本書では tfbook）@ コンピュータ名」です。その横の **～（チルダ）** はホームディレクトリ（フォルダ）を表しています。

　コマンドに慣れるため、少し練習しておきましょう。試しに、ホームディレクトリに配置されているディレクトリやファイルの一覧を確認しましょう。端末上のカーソル位置（点滅している箇所）に次のコマンドを入力し、[Enter] キーを押して実行します。

リスト 2-1

```
$ ls -l [Enter]
```

　Linux 上で表示、移動、インストールなどの処理を行うときは、端末にコマンドを入力し [Enter] キーで実行します（図 2-22）。

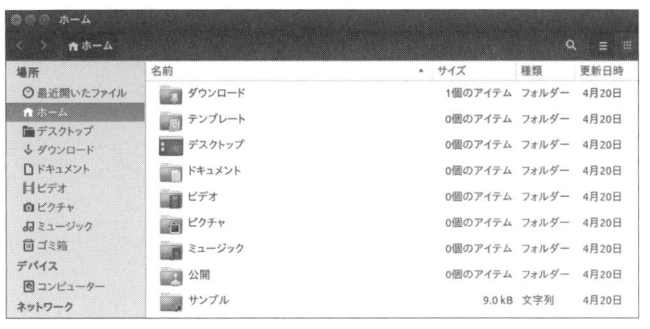

図 2-22：端末の起動とホームディレクトリの表示

　ダウンロードした Anaconda3-4.3.1-Linux-x86_64.sh が**ダウンロード**ディレクトリに配置されていると仮定します。端末の実行場所をホームディレクトリからダウンロードディレクトリへ移動しましょう。

リスト 2-2

```
$ cd ダウンロード [Enter]
```

※キーボードの「半角 / 全角キー」で英語と日本語入力を切り替えられます。

　移動すると、端末上に **~/ ダウンロード**と表示されます（図 2-23）。

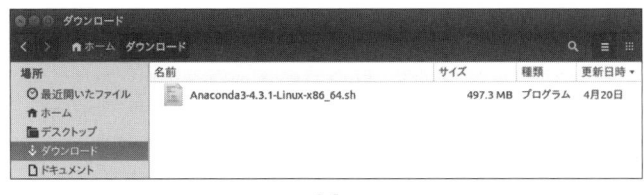

図 2-23：ホームディレクトリからダウンロードディレクトリへ移動

続けて、Anaconda をインストールします。

リスト 2-3

```
$ bash Anaconda3-4.3.1-Linux-x86_64.sh [Enter]
```

端末上にライセンスが表示されたら、[Enter] キーを押しスクロールしてライセンスを確認します（図 2-24）。

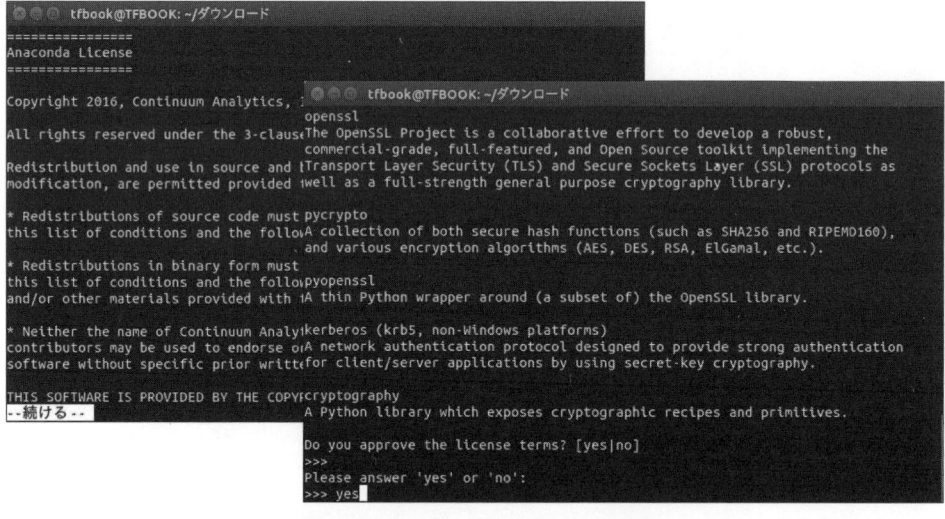

図 2-24：Anaconda のインストール (1)

スクロールし続けると、ライセンスに同意するか否かを問われるので、**yes** と入力して [Enter] キーで実行します（図 2-25）。

図 2-25：Anaconda のインストール (2)

Anaconda のインストールディレクトリが、**/home/tfbook/anaconda3**（tfbook はユーザー名）でよいか問われるので、この場所でよければ [Enter] キーを押します。それ以外のディレクトリがよい場合は、そのパスを入力して [Enter] キーを押します。ここでは指定された /home/tfbook/anaconda3 へインストールします（図 2-26）。

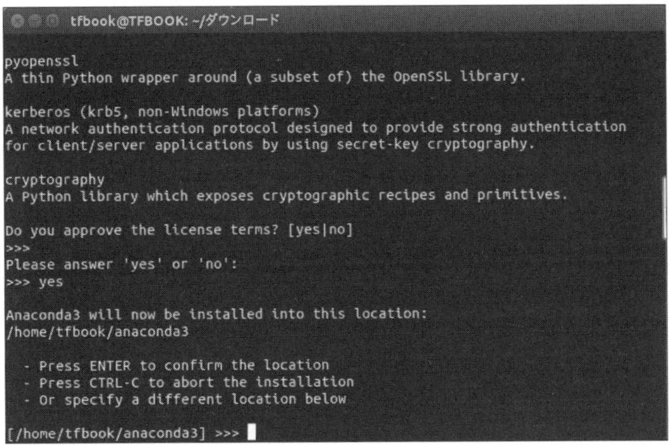

図 2-26：Anaconda のインストール (3)

Anaconda のインストールが始まり、Python 本体と Python ライブラリが次々にインストールされます（図 2-27）。

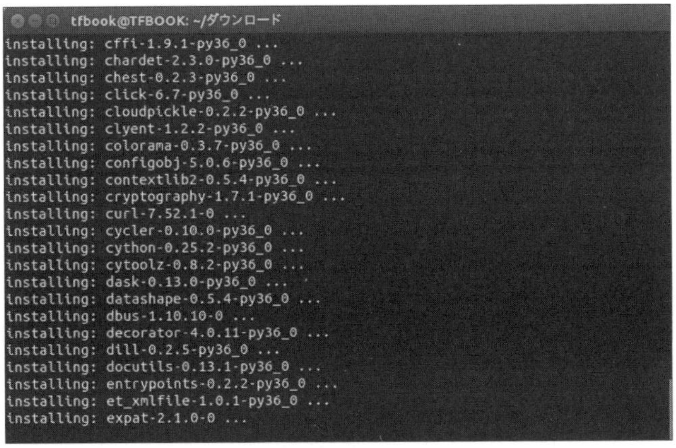

図 2-27：Anaconda のインストール (4)

Anaconda ディレクトリを環境変数のパスに追加するかを問われますので、yes と入力して [Enter] キーで実行します（図 2-28）。

図 2-28：Anaconda のインストール (5)

インストールが完了しました（図 2-29）。

図 2-29：Anaconda のインストール (6)

　環境変数に Anaconda へのパスを通さない場合は、Anaconda でインストールした Python を使うときのために一時的にパスを追加します（図 2-30）。そして、Anaconda がきちんとインストールされているか、バージョンを確認しましょう。

リスト 2-4

```
$ export PATH=/home/tfbook/anaconda3/bin:$PATH [Enter]
$ conda -V [Enter]
```

図 2-30：Anaconda のインストール (7)

anaconda3 ディレクトリがホームディレクトリの下に作成されていることを確認できます（図 2-31）。

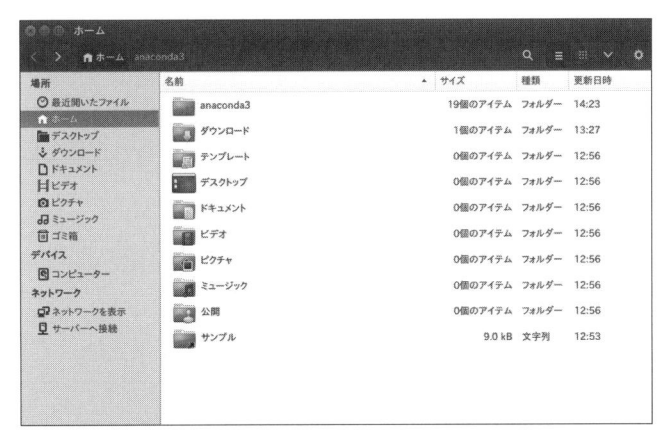

図 2-31：Anaconda のインストール（8）

一旦、ホームディレクトリに戻っておきましょう。

リスト 2-5

```
$ cd [Enter]
```

2.1.4　TensorFlowとTFLearnのインストール

Python環境の作成

ディープラーニングを実装する場所として、Python 3.6 の仮想環境を作成します。

リスト 2-6

```
$ conda create -n tfbook [Enter]
```

　ここで、tfbook は環境名です。ここでは環境名は tfbook としますが、任意の名称を指定してください。実行すると、パッケージをインストールしてよいかどうか問われます。Proceed([y]/n) で **y** と入力して [Enter] キーで実行します。そして、tfbook という名称の Python3.6 の環境を作成します（図 2-32）。

図 2-32：Anaconda 上に Python3.6 環境 tfbook を作成

作成した環境を使用できるよう有効化します（図 2-33）。環境は使い終わったら無効化しましょう。しかし、ここではまだ無効化しないでください。

リスト 2-7

```
$ source activate tfbook [Enter] # 環境を有効化
$ source deactivate tfbook [Enter] # 環境を無効化
```

有効化すると、端末上に **(tfbook)** が表示されます。

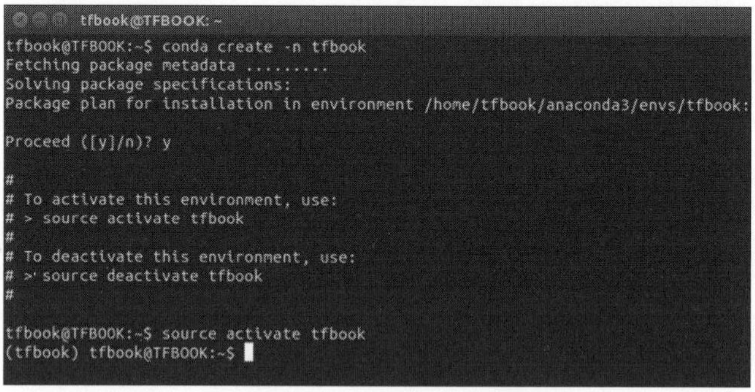

図 2-33：tfbook 環境の有効化

TensorFlowのインストール

Python 3.6 用の TensorFlow 1.0.1 をインストールします（図 2-34）。

リスト 2-8

```
$ pip install --ignore-installed --upgrade ¥ https://storage.googleapis.com/tensorflow/
linux/cpu/tensorflow-1.0.1-cp36-cp36m-linux_x86_64.whl [Enter]
```

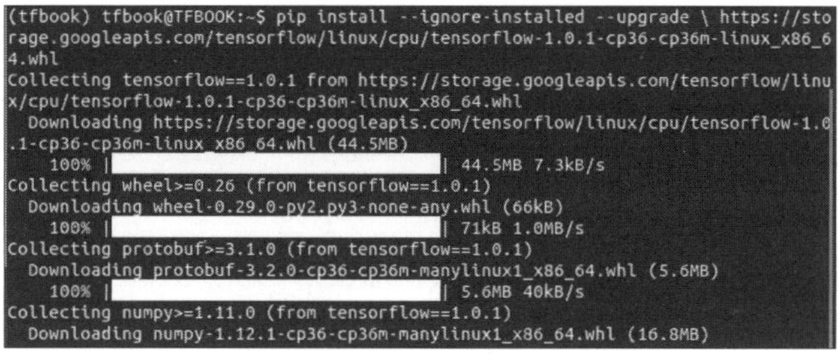

図 2-34：TensorFlow のインストール

　Python を対話モードで起動し、TensorFlow ライブラリをインポートできればインストール
は成功しています（図 2-35）。対話モードでは、1 行ずつ処理（プログラム）をキー入力して実行
します。

リスト 2-9

```
$ python [Enter]
>>> import tensorflow [Enter]
>>> exit() [Enter]
```

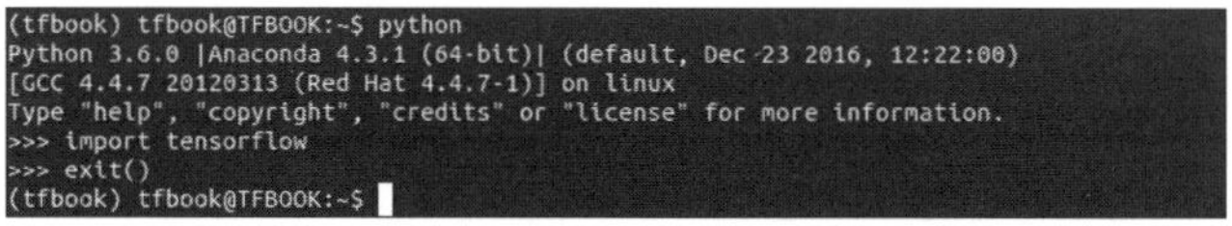

図 2-35：TensorFlow のインストールの確認

TFLearnのインストール

　TFLearn 0.3.2 をインストールします（図 2-36）。本書の内容はバージョン 0.3.1 の実行結
果を載せています。そのため、第 3 章以降の実行結果が異なる可能性があります。

リスト 2-10

```
$ pip install tflearn [Enter]
```

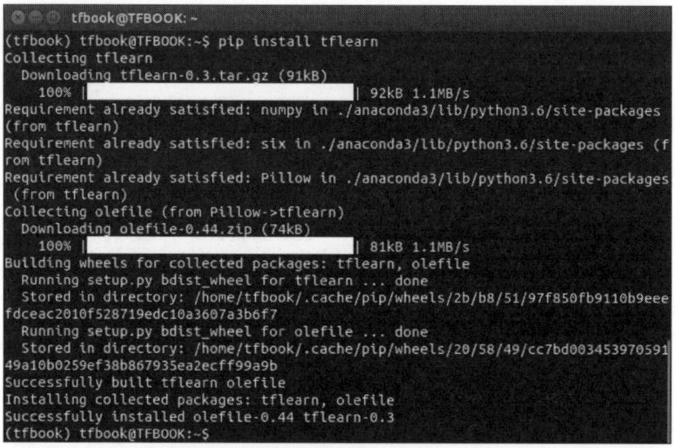

図 2-36：TFLearn のインストール

　Python を対話モードで起動し、TFLearn ライブラリをインポートできればインストールは成功しています（図 2-37）。

リスト 2-11

```
$ python [Enter]
>>> import tflearn [Enter]
>>> exit() [Enter]
```

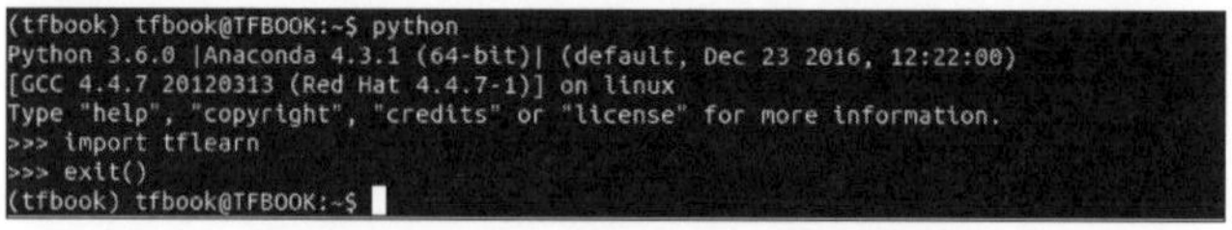

図 2-37：TFLearn のインストールの確認

　以上で、Ubuntu 上にディープラーニングを実装する準備が整いました。本書ではこれからPython を使ってコーディングしていくにあたり、端末上ではなく「Jupyter Notebook」と呼ばれるツールを使用します。

2.2 Jupyter Notebookの使い方

Jupyter Notebook[5] は、オープンソースの Web アプリケーションです。ノート形式のドキュメントにソースコードを記述すると、その内容を逐次実行して、結果を確認しながら作業を進めることができます。Web ブラウザ上で使用でき、データの可視化や、メモの作成などの機能も備えています。サポートしている言語は Python、R 言語、Julia、Scala のほか 40 言語以上あり、特に機械学習、統計解析、数値計算などの分野で活用されています。

2.2.1 Jupyter Notebookの起動

Jupyter Notebook は Anaconda と一緒にインストールされているため、新たにインストールする必要はありません。第 3 章からの本格的な実装に入る前に、ここで Jupyter Notebook の操作に慣れておきましょう。2.1 節の最後の状態から続けて、端末から Jupyter Notebook を起動します。

リスト 2-12

```
$ cd anaconda3/envs/tfbook [Enter]
$ jupyter notebook [Enter]
```

実行すると、ブラウザに Jupyter Notebook の **Home** 画面が表示されます。Home 画面には tfbook ディレクトリの中に置かれているファイルやディレクトリが表示されます（図 2-38）。

---

[5]　http://jupyter.org/

図 2-38：Jupyter Notebook の起動

2.2.2 ノートの新規作成

「ノート」を新規作成してみましょう。Home 画面右上の **[New]** をクリックすると、メニューが表示されます。その中の **[Notebook: Python 3]** をクリックすると、ブラウザの新規タブにノートが表示されます（図 2-39）。

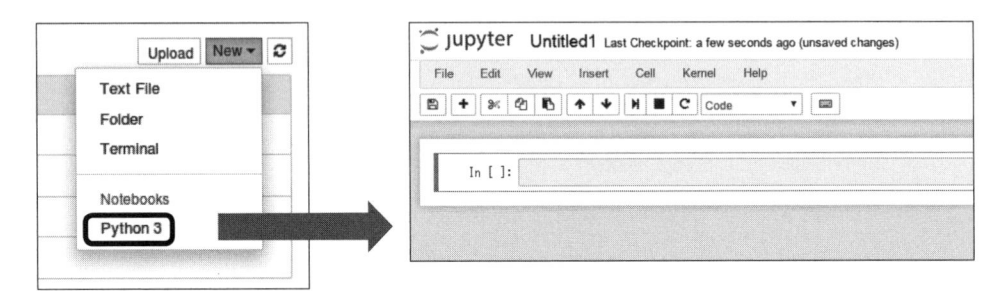

図 2-39：ノートの新規作成

作成したノートの名前は Untitled1 となっています。Untitled1 をクリックすると、任意の名前へ変更することができます（図 2-40）。

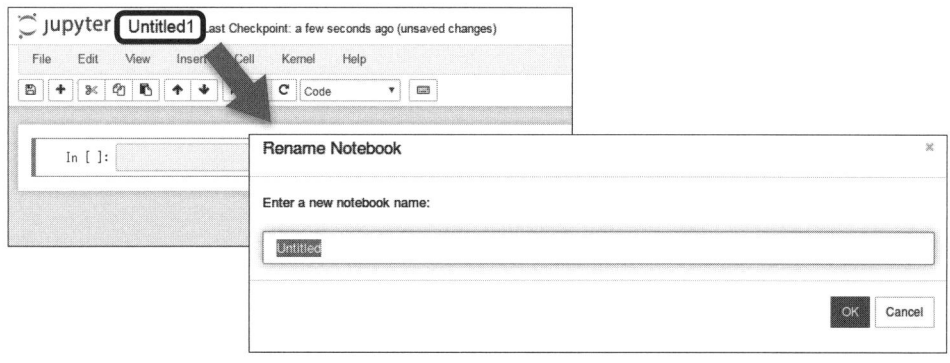

図 2-40：ノート名の変更

2.2.3 Pythonコードの記述と実行

作成したノートに Python コードを記述し実行してみましょう。試しに、画面上に「Hello World!」を表示するコードを記述し実行します（図 2-41）。

リスト 2-13

```
1.  print('Hello World!')
```

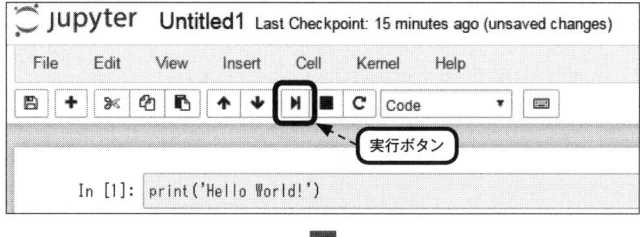

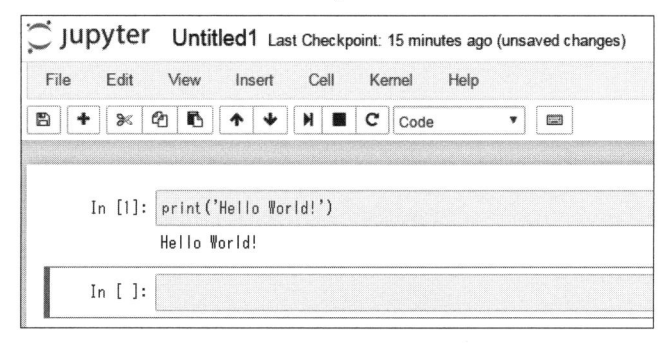

図 2-41：Hello World! の表示

最初のセル（ブロック）にコードを記述して実行ボタンをクリックします。すると、セルの下に実行結果が表示され、新しいセルが追加されます。Jupyter Notebook ではこのように、セル単位でコードを実行し、その都度結果を確認しながら実装作業を進めることができ便利です。

実行ボタン以外のメニューボタンの一覧を示します（図2-42）。今後の実装作業において、必要に応じて使い分けてください。

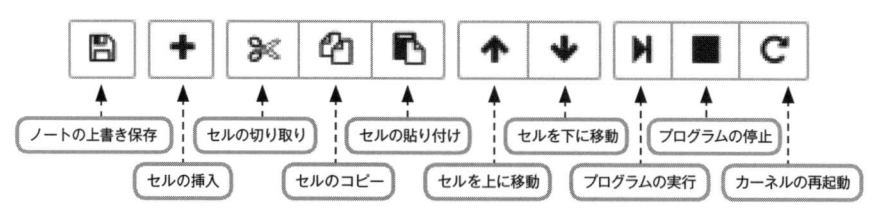

図2-42：ノート上のメニューボタン一覧

2.2.4 ノートの終了

最後に、ノートを終了してみましょう。jupyter アイコンをクリックし Home 画面に戻ると（図2-43-a）、作成したノート名が表示されており、実行中の状態になっています。画面左端のチェックボックスにチェックを入れ、**[Shutdown]** をクリックすると、ノートを終了することができます（図2-43-b）。

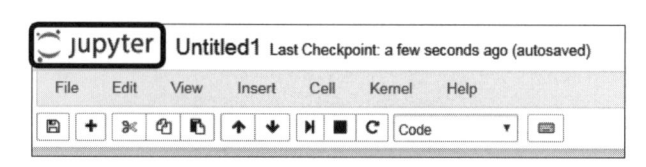

図 2-43-a：Home 画面へ移動

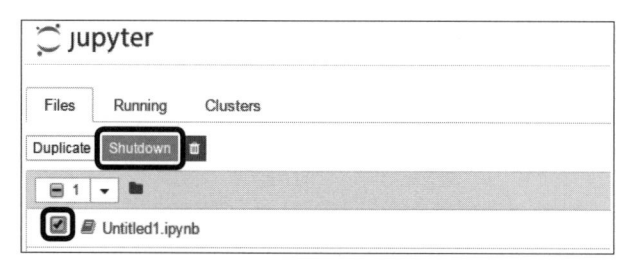

図 2-43-b：ノートのシャットダウン

以上が Jupyter Notebook の基本的な使い方です。ここでは、Python で文字列を表示するコードを実行しただけですが、これからは様々なデータ型や構文を扱うことになります。そのため、次節では本書で扱う範囲の文法に絞って Python プログラミングの基礎を説明します。

2.3 Python プログラミングの基礎

Python はスクリプト言語であり、これからプログラミングを始める人たちにも人気があります。すでに C 言語や Java などを使っている人は、Python の文法に慣れれば比較的容易に実装できます。ここでは、他の言語でプログラミング経験があることを前提に説明を進めます。Jupyter Notebook を使って Python プログラミングを始めてみましょう。

2.3.1 変数とデータ型

変数の扱いとデータ型について説明します。変数はデータを格納する箱、データ型はデータの種類です。

変数にデータを格納し、そのデータ型を確認してみましょう。Jupyter Notebook で新規ノートを作成し、ノートのセルに、以下のリスト枠内のソースコードを書いて実行してみましょう。

リスト 2-14

```
1.  # 整数（int）型の確認
2.  num = 1
3.  type(num)
```

▶▶▶ **2〜3 行目：変数 num に整数 1 を格納し、変数 num のデータ型を表示します（図 2-44）。**

```
In [1]:  # 整数 (int) 型
         num = 1
         type(num)

Out[1]:  int
```

図 2-44：変数とデータ型の確認 (1)

変数 num のデータ型は **int**（整数）型です。また、print 関数を使って結果を表示することもできます（図 2-45）。

```
In [2]: # 整数 (int) 型
        num = 1
        print(type(num))

        <class 'int'>
```

図 2-45：変数とデータ型の確認 (2)

変数には小数点や文字列の値も格納することができます。

リスト 2-15

```
1. # 浮動小数点 (float) 型
2. num = 1.1
3. print(type(num))
4.
5. # 文字列 (str) 型
6. str = 'Hello World!'
7. print(type(str))
```

▶▶▶ **2〜3 行目：変数 num に小数 1.1 を格納し、変数 num のデータ型を表示します。**

▶▶▶ **6〜7 行目：変数 str に文字列「Hello World!」を格納し、変数 str のデータ型を表示します。**

```
In [3]: # 浮動小数点 (float) 型
        num = 1.1
        print(type(num))

        # 文字列 (str) 型
        str = 'Hello World!'
        print(type(str))

        <class 'float'>
        <class 'str'>
```

図 2-46：変数とデータ型の確認 (3)

変数 num のデータ型は **float**（浮動小数点）型、変数 str のデータ型は **str**（文字列）型です。これらのほかに **bool**（論理値）型もよく使うデータ型です。bool 型は真（True）か偽（False）の値を持ちます。条件分岐の処理で多用されます。

> ここまではソースコードのリスト、ノートのセルと結果の図を表示してきましたが、ここからはソースコードのリストと結果の図のみ表示します。

2.3.2 配列（リスト）

　配列（リスト）を扱う方法を説明します。配列は、値を格納する箱が複数連なって形成されるデータの塊だと考えてください。まずは、数値データの配列を操作してみましょう。

リスト 2-16

```
1.  # 配列の操作（int）
2.  list = [1, 2, 3, 4, 5]
3.  print('list =', list)
4.
5.  # 配列listの1つ目の要素を抽出
6.  print('list[0] =', list[0])
```

▶▶▶ **2～3 行目**：5 つの値（1, 2, 3, 4, 5）を格納した配列 list を作成し、配列 list を画面に表示します（図 2-47）。

▶▶▶ **5～6 行目**：配列 list の 1 番目の要素を取り出し画面に表示します。

```
list = [1, 2, 3, 4, 5]
list[0] = 1
```

図 2-47：配列の操作結果 (1)

　配列 list に格納されている値は、1, 2, 3, 4, 5 の数値です。そして、配列 list の 1 番目の要素は 1 です。配列の添え字は 0 からの連番です。

　次は、文字列データの配列を操作してみましょう。

リスト 2-17

```
1.  # 配列の操作（str）
2.  list = ['a', 'b', 'c', 'd', 'e']
3.  print('list =', list)
4.
5.  # 配列listの1つ目の要素を抽出
6.  print('list[0] =', list[0])
7.
8.  # 配列の長さ
9.  print('length =', len(list))
```

▶▶▶ **2～3 行目**：5 つの値（a, b, c, d, e）を格納した配列 list を作成し、配列 list を画面に表示します。

▶▶▶ **6 行目**：配列 list の 1 番目の要素を取り出し画面に表示します。

▶▶▶ **9 行目**：配列 list のサイズ（長さ）を画面に表示します。

```
list = ['a', 'b', 'c', 'd', 'e']
list[0] = a
length = 5
```

図 2-48：配列の操作結果 (2)

配列 list に格納されている値は、a, b, c, d, e の文字です。そして、配列 list の 1 番目の要素はａです。配列 list の長さは要素数である 5 です。

ここまでは、フラットな 1 次元の配列を扱いました。配列は入れ子になった 2 次元以上のものもあります。

リスト 2-18

```
1.  2次元配列の操作
2.  list = [1, [2, 3], 4, 5]
3.  print('list =', list)
4.
5.  # 配列の長さ
6.  print('length =', len(list))
```

▶▶▶ **2～3 行目**：5 つの値（1, 2, 3, 4, 5）を格納した配列 list を作成し、配列 list を画面に表示します（図 2-49）。ただし、値 2 と 3 で内部に配列を作成します。

▶▶▶ **6 行目**：配列 list のサイズ（長さ）を画面に表示します。

```
list = [1, [2, 3], 4, 5]
length = 4
```

図 2-49：配列の操作結果 (3)

配列 list の長さは要素数である 4 です。これは、値 2 と 3 が 1 つの配列に格納され、1 つのデータとして見なされるためです。

配列へ要素とリストを追加してみましょう。

リスト 2-19

```
1.  # 配列に要素を追加
2.  list = [1, 2, 3, 4, 5]
3.  print('list =', list)
```

```
 4.
 5.  # 要素を追加
 6.  list.append(6)
 7.  print('list =', list)
 8.
 9.  # 別のリストを追加
10.  list.append([7, 8])
11.  print('list =', list)
12.
13.  # 別のリストの要素を追加
14.  list.extend([9, 10])
15.  print('list =', list)
```

▶▶▶ **2～3 行目：5 つの値（1, 2, 3, 4, 5）を格納した配列 list を作成し、配列 list を画面に表示します（図 2-50）。**

▶▶▶ **6～7 行目：配列 list に値 6 を追加し、画面に表示します。**

▶▶▶ **10～11 行目：配列 list に配列 [7, 8] を追加し、画面に表示します。**

▶▶▶ **14～15 行目：配列 list に配列 [9, 10] の各要素を追加し、画面に表示します。**

```
list = [1, 2, 3, 4, 5]
list = [1, 2, 3, 4, 5, 6]
list = [1, 2, 3, 4, 5, 6, [7, 8]]
list = [1, 2, 3, 4, 5, 6, [7, 8], 9, 10]
```

図 2-50：配列の操作結果 (4)

　append 関数は、要素または配列の形を損なうことなく、別の配列へ追加します。extend 関数は、配列の要素を取り出して、別の配列へ追加します。

　配列に対し、要素とリストの削除を行ってみましょう。

リスト 2-20

```
 1.  # 配列から要素を削除
 2.  list = [1, 2, 3, 4, 5]
 3.  print('list =', list)
 4.
 5.  #　インデックスを指定し要素を削除
 6.  list.pop(0)
 7.  print('list =', list)
 8.
 9.  # 末尾の要素を削除
10.  list.pop()
11.  print('list =', list)
12.
```

```
13.  # 要素を指定し削除
14.  list.remove(3)
15.  print('list =', list)
```

▶▶▶ **2〜3 行目：5 つの値（1, 2, 3, 4, 5）を格納した配列 list を生成し、配列 list を画面に表示**
します（図 2-51）。

▶▶▶ **6〜7 行目：配列 list の添え字 0 の要素を削除し、画面に表示します。**

▶▶▶ **10〜11 行目：配列 list の末尾の要素を削除し、画面に表示します。**

▶▶▶ **14〜15 行目：配列 list の指定した要素を削除し、画面に表示します。**

```
list = [1, 2, 3, 4, 5]
list = [2, 3, 4, 5]
list = [2, 3, 4]
list = [2, 4]
```

図 2-51：配列の操作結果 (5)

pop 関数は、配列の添え字を指定して、要素を削除します。添え字を指定しなければ、末尾の
要素を削除します。

2.3.3　式と演算子

変数に格納した値と演算子を使って、計算してみましょう。まずは数値データの四則演算です。

リスト 2-21

```
1.   # 変数（int）の演算
2.   num1 = 1
3.   num2 = 2
4.   print('num1 =', num1)
5.   print('num2 =', num2)
6.
7.   # 加算
8.   num3 = num1 + num2
9.   print('num1 + num2 =', num3)
10.  # 減算
11.  num3 = num1 - num2
12.  print('num1 - num2 =', num3)
13.  # 乗算
14.  num3 = num1 * num2
15.  print('num1 * num2 =', num3)
```

```
16.   # 除算
17.   num3 = num1 / num2
18.   print('num1 / num2 =', num3)
19.   # 剰余
20.   num3 = num1 % num2
21.   print('num1 % num2 =', num3)
```

▶▶▶ **2～5 行目**：変数 num1 に値 1 を格納し、変数 num2 に値 2 を格納し、画面に表示します。

▶▶▶ **8～9 行目**：変数 num1 と num2 を加算した結果を変数 num3 へ格納し、画面に表示します。

▶▶▶ **11～12 行目**：変数 num1 と num2 を減算した結果を変数 num3 へ格納し、画面に表示します。

▶▶▶ **14～15 行目**：変数 num1 と num2 を乗算した結果を変数 num3 へ格納し、画面に表示します。

▶▶▶ **17～18 行目**：変数 num1 と num2 を除算した結果を変数 num3 へ格納し、画面に表示します。

▶▶▶ **20～21 行目**：変数 num1 と num2 の剰余を計算した結果を変数 num3 へ格納し、画面に表示します。

```
num1 = 1
num2 = 2
num1 + num2 = 3
num1 - num2 = -1
num1 * num2 = 2
num1 / num2 = 0.5
num1 % num2 = 1
```

図 2-52：変数（数値）の演算結果

　ここまで、データ型が同じ変数同士の間で演算を行いましたが、データ型が異なる変数間の演算も行ってみましょう。

リスト 2-22

```
1.   # 変数（intとfloat）の演算
2.   num1 = 1.1
3.   num2 = 2
4.   print('num1 =', num1)
5.   print('num2 =', num2)
6.
7.   num3 = num1 * num2
8.   print('num1 * num2 =', num3)
```

▶▶▶ 2〜5行目：変数 num1 に値 1.1 を格納し、変数 num2 に値 2 を格納して、画面に表示します。

▶▶▶ 7〜8行目：変数 num1 と num2 を乗算した結果を変数 num3 へ格納し、画面に表示します。

```
num1 = 1.1
num2 = 2
num1 * num2 = 2.2
```

図2-53：変数（数値）の演算結果

文字列データに対する演算を行ってみましょう。

リスト2-23

```
 1.  # 変数（str）の演算
 2.  str1 = 'Hello World!'
 3.  str2 = 'ようこそPythonの世界へ！'
 4.  print('str1' + ' = ' + str1)
 5.  print('str2' + ' = ' + str2)
 6.
 7.  # タブ区切りで結合
 8.  str3 = str1 + '\t' + str2
 9.  print('str1_str2' + ' : ' + str3)
10.  # 改行して結合
11.  str3 = str1 + '\n' + str2
12.  print('str1_str2' + ' : ' + str3)
13.
14.  # 1文字目を抽出
15.  str3 = str1[0]
16.  print('str1[0]' + ' = ' + str3)
17.  # 1文字目から3文字目まで抽出
18.  str3 = str1[0:3]
19.  print('str1[0:3]' + ' = ' + str3)
20.  # 2文字目以降を抽出
21.  str3 = str1[1:]
22.  print('str1[1:]' + ' = ' + str3)
23.
24.  # 文字列をスペースで分割
25.  slist = str1.split(' ')
26.  print('文字列をスペースで分割 :', slist)
27.  # 文字列の結合
28.  str4 = '_'.join(slist)
29.  print('文字列を_で結合 :', str4)
```

▶▶▶ 2〜5行目：変数 str1 に文字列「Hello World!」を格納し、変数 str2 に文字列「ようこそ Python の世界へ！」を格納して、画面に表示します。

▶▶▶ 8〜9 行目：変数 str1 と str2 をタブ区切りで結合した結果を変数 str3 へ格納し、画面に表示します。

▶▶▶ 11〜12 行目：変数 str1 と str2 を改行して結合した結果を変数 str3 へ格納し、画面に表示します。

▶▶▶ 15〜16 行目：変数 str1 の 1 文字目を抽出した結果を変数 str3 へ格納し、画面に表示します。添え字は 0 からの連番です。

▶▶▶ 18〜19 行目：変数 str1 の 1〜3 文字目を抽出し、変数 str3 へ格納して画面に表示します。

▶▶▶ 21〜22 行目：変数 str1 の 2 文字目以降を抽出し、変数 str3 へ格納して画面に表示します。

▶▶▶ 25〜26 行目：変数 str1 を半角スペースで分割し、その結果を配列 slist へ格納して画面に表示します。

▶▶▶ 28〜29 行目：配列 slist の要素をアンダーバーで結合し、その結果を文字列 str4 へ格納して画面に表示します。

```
str1 = Hello World!
str2 = ようこそPythonの世界へ！
str1_str2 : Hello World!        ようこそPythonの世界へ！
str1_str2 : Hello World!
ようこそPythonの世界へ！
str1[0] = H
str1[0:3] = Hel
str1[1:] = ello World!
文字列をスペースで分割 : ['Hello', 'World!']
文字列を_で結合 : Hello_World!
```

図 2-54：変数（文字列）の演算結果

Python で扱える演算子のうち、よく使うものをピックアップしておきます。

表 2-2：代数演算子

演算子	意味	使用例
+	加算	num1 + num2
−	減算	num1 − num2
*	乗算	num1 * num2
/	除算	num1 / num2
%	剰余	num1 % num2
**	べき乗計算	num1 ** num2
//	除算（切り捨て）	num1 // num2

表 2-3：文字列演算子

演算子	意味	使用例
+	連結	str1 + str2
*	（n 回）繰り返し	str1 * n
[n]	n-1 番目の文字を抽出	str1[n]
[n:m]	n-1 番目から m 番目までの文字を抽出	str1[n:m]
[n:]	n-1 番目から末尾までの文字を抽出	str1[n:]
[:m]	先頭から m 番目までの文字を抽出	str1[:m]
[n:m:s]	n-1 番目から m 番目までの文字を s-1 個とばしで抽出	str1[n:m:s]

2.3.4 条件分岐と繰り返し

条件分岐

if〜elif〜else（もし〜ならば）構文で制御する条件分岐の操作に慣れておきましょう。まずは数値データを対象に、処理方法を説明します。

リスト 2-24

```
 1.  # 条件分岐（数値）
 2.  num1 = 1
 3.  num2 = 2
 4.  print('num1 =', num1)
 5.  print('num2 =', num2)
 6.
 7.  # 数値の一致と比較
 8.  if num1 == num2:
 9.      print('num1とnum2は一致')
10.  elif num1 < num2:
11.      print('num2はnum1より大きい')
12.  else:
13.      print('それ以外')
```

▶▶▶ **2〜5 行目**：変数 num1 に値 1 を格納し、変数 num2 に値 2 を格納して、画面に表示します。

▶▶▶ **8〜9 行目**：変数 num1 と num2 の値が等しければ、画面に「num1 と num2 は一致」と表示します。

▶▶▶ **10〜11 行目**：変数 num1 より num2 の値が大きければ、画面に「num2 は num1 より大きい」と表示します。

▶▶▶ **12〜13 行目：8 行目、10 行目の条件に当てはまらない場合、画面に「それ以外」と表示します。**

```
num1 = 1
num2 = 2
num2はnum1より大きい
```

図 2-55：条件分岐の処理結果（1）

if の条件に一致していれば、次の行から始まるインデントされた処理を実行します。条件が複数ある場合は **elif** で追加し、elif の条件に一致していれば、次の行から始まるインデントされた処理を実行します。if の条件にも elif の条件にも当てはまらない場合は、**else** の次の行のインデントされた処理を実行します。

文字列データを対象にして、条件分岐を行ってみましょう。

リスト 2-25

```
1.  # 条件分岐（文字列）
2.  str1 = 'Python'
3.  str2 = 'ようこそPythonの世界へ！'
4.  print('str1' + ' = ' + str1)
5.  print('str2' + ' = ' + str2)
6.
7.  # 文字列を含むかどうか
8.  if str1 in str2:
9.      print('文字列に「Python」を含む')
10. else:
11.     print('文字列に「Python」を含まない')
```

▶▶▶ **2〜5 行目：変数 str1 に文字列「Python」を格納し、変数 str2 に文字列「ようこそ Python の世界へ！」を格納して、画面に表示します。**

▶▶▶ **8〜9 行目：変数 str2 に str1 の文字列が含まれていれば、画面に「文字列に「Python」を含む」と表示します。**

▶▶▶ **10〜11 行目：8 行目の条件に当てはまらない場合、画面に「文字列に「Python」を含まない」と表示します。**

```
str1 = Python
str2 = ようこそPythonの世界へ！
文字列に「Python」を含む
```

図 2-56：条件分岐の処理結果（2）

繰り返し

続けて、**for** と **while** で制御する繰り返し（ループ）処理を実装してみましょう。

リスト 2-26

```
1.   # 繰り返し
2.   list = [[1, 2, 3], [4, 5], [6]]
3.
4.   # 配列から1要素ずつ抽出して表示
5.   for row in list:
6.       print(row)
7.
8.   # 配列から1要素ずつ抽出して表示
9.   i = 0
10.  while i < len(list):
11.      print(list[i])
12.      i = i + 1
13.
14.  # インデックス付きで配列から1要素ずつ抽出して表示
15.  for (i, d) in enumerate(list):
16.      print(i, d)
```

▶▶▶ **2 行目**：6 つの値（1, 2, 3, 4, 5, 6）を格納した配列 list を作成します。このとき、[1, 2, 3]、[4, 5]、[6] それぞれが 1 つの配列とします。

▶▶▶ **5〜6 行目**：配列 list に含まれる要素を 1 つずつ読み込み、変数 row へ格納し、画面に表示します。

▶▶▶ **10〜12 行目**：配列 list に含まれる要素を 1 つずつ読み込み、画面に表示します。このとき、変数 i が 0 から配列のサイズになるまで、処理を繰り返し実行します。処理を 1 回終えたら、変数 i に 1 を足します。

▶▶▶ **15〜16 行目**：インデックスを付けて配列 list から要素を抽出し、画面に表示します。

```
[1, 2, 3]
[4, 5]
[6]
[1, 2, 3]
[4, 5]
[6]
0 [1, 2, 3]
1 [4, 5]
2 [6]
```

図 2-57：繰り返しの処理結果

for と while で実行した結果は同じです。for と **enumerate** を組み合わせれば、インデックス付きの繰り返し処理を行うことができます。

条件分岐と繰り返し処理でよく使う比較演算子を、表2-4にピックアップしておきます。今後の実装の参考にしてください。

表2-4：比較演算子

演算子	意味	使用例
==	等しい	num1 == num2
!=, <>	等しくない	num1 != num2
<	小なり	num1 < num2
>	大なり	num1 > num2
<=	小なりイコール	num1 <= num2
>=	大なりイコール	num1 >= num2
is	等しい	str1 is str2
is not	等しくない	str1 is not str2
in	含む	str1 in str2
not in	含まない	str1 not in str2

2.3.5 関数とライブラリ

関数

例えば、ある演算を処理するコードを、使用したい箇所に何度も挿入すると、コードは全体的に長くなってしまいます。何度も繰り返し使用する処理を関数化して呼び出せば、コードがコンパクトに収まり、読みやすくなります。ここでは、2つの変数の加算処理を、関数化し呼び出してみましょう。

リスト2-27

```
1.  # 関数の定義
2.  def func(x, y):
3.      z = x + y # 加算
4.      return z
5.
6.  # 関数の呼び出し
7.  num1 = 1
8.  num2 = 2
```

```
  9.
 10.    num3 = func(num1, num2)
 11.    print('num3 =', num3)
```

▶▶▶ **2～4行目**：引数に**x**と**y**を持つ**func**という名称の関数を定義します。引数は、関数の呼び出し元から渡される値を格納する変数です。**func**関数の処理は、インデントされたブロックに記述されたコードの内容です。変数**x**と**y**の加算を行い、その結果を変数**z**に格納し、関数の呼び出し元へ渡します。

▶▶▶ **10行目**：変数**num1**と**num2**を引数とし、**func**関数を呼び出して、処理結果を変数**num3**へ格納します。

```
num3 = 3
```

図 2-58：関数の実行結果

　よく使う処理を関数化すれば、見やすくコンパクトにコードを記述することができます。しかし、関数を多用しすぎると、コードのあちらこちらを参照しなければ処理の流れを理解できなくなってしまうため、適度に使用することがポイントです。

　よく使う処理を関数化して呼び出す方法を説明しました。関数は自作してもよいのですが、誰もがよく使う処理はすでにライブラリの形で提供されています。ここでは、本書で登場するいくつかのライブラリに絞って説明します。

▌ Numpyライブラリ

　Numpyライブラリは、数値計算を行うための関数を提供するパッケージです。特にディープラーニングは配列を扱う行列計算が多いので重宝します。ここでは、Numpyの基本的な使い方に慣れておきましょう。

リスト 2-28

```
  1.    # Numpyライブラリの読み込み
  2.    import numpy as np
  3.
  4.    # 配列の生成
  5.    array = np.array([[1,2,3],[4,5,6],[7,8,9]])
  6.    print('array =', array)
  7.
  8.    # 要素のデータ型
  9.    print('要素のデータ型 :', array.dtype)
```

```
10.    # 要素数
11.    print('要素数 :', array.size)
12.
13.    # 次元数
14.    print('次元数 :', array.ndim)
15.    # 各次元の要素数
16.    print('各次元の要素数 :', array.shape)
17.
18.    # 配列全要素を2で割る
19.    div_array_1 = array/2
20.    print('div_array_1 =', div_array_1)
21.
22.    # 1番目の配列の1番目の要素を抽出し2で割る
23.    div_array_2 = array[0][0]/2
24.    print('div_array_2 =', div_array_2)
```

▶▶▶ **2 行目：Numpy ライブラリの関数を使うために、ライブラリを読み込みます。**

▶▶▶ **5〜6 行目：Numpy 配列 array を作成し、その値を画面へ表示します。**

▶▶▶ **9 行目：配列 array の各要素のデータ型を画面に表示します。**

▶▶▶ **11 行目：配列 array の要素数を画面に表示します。**

▶▶▶ **14 行目：配列 array の次元数を画面に表示します。**

▶▶▶ **16 行目：配列 array の各次元の要素数を画面に表示します。**

▶▶▶ **19〜20 行目：配列 array の全要素を 2 で割った結果を画面に表示します。**

▶▶▶ **23〜24 行目：配列 array の中の 1 番目の配列の 1 番目の要素を 2 で割った結果を画面に表示します。**

```
array = [[1 2 3]
 [4 5 6]
 [7 8 9]]
要素のデータ型 : int32
要素数 : 9
次元数 : 2
各次元の要素数 : (3, 3)
div_array_1 = [[ 0.5 1.  1.5]
 [ 2.  2.5 3. ]
 [ 3.5 4.  4.5]]
div_array_2 = 0.5
```

図 2-59：Numpy ライブラリの実行結果 (1)

リスト 2-29

```
1.   # 配列のフラット化
2.   flatten_array = array.flatten()
3.   print('flatten_array =', flatten_array)
4.
5.   # ゼロ配列の生成
6.   zero_array = np.zeros(9)
7.   print('zero_array =', zero_array)
8.
9.   # Numpy配列をリストへ変換
10.  list = array.tolist()
11.  print('list =', list)
12.  print(type(list))
13.
14.  # リストをNumpy配列へ変換
15.  array = np.array(list)
16.  print('array =', array)
17.  print(type(array))
```

▶▶▶ **2～3 行目：2 次元の Numpy 配列 array を、1 次元のフラットな形へ変換し、画面に表示します。**

▶▶▶ **6～7 行目：値 0 の要素を 9 個持つ配列 zero_array を作成し、その値を画面へ表示します。**

▶▶▶ **10～12 行目：Numpy 配列 array を配列（リスト）list へ変換し、各要素の値と配列の種類を画面に表示します。**

▶▶▶ **15～17 行目：配列（リスト）list を Numpy 配列 array へ変換して、各要素の値と配列の種類を画面に表示します。**

```
flatten_array = [1 2 3 4 5 6 7 8 9]
zero_array = [0. 0. 0. 0. 0. 0. 0. 0. 0.]
list = [[1, 2, 3], [4, 5, 6], [7, 8, 9]]
<class 'list'>
array = [[1 2 3]
 [4 5 6]
 [7 8 9]]
<class 'numpy.ndarray'>
```

図 2-60：Numpy ライブラリの実行結果（2）

itertoolsライブラリ

itertools ライブラリは、ループ処理を行うための関数を提供するパッケージです。組合せや順列の計算に使用できます。

リスト 2-30

```
1.   # itertoolsライブラリの読み込み
2.   import itertools
3.
4.   list = [1, 2, 3, 4, 5]
5.   # 組合せ
6.   for x in itertools.combinations(list, 2):
7.       print(x)
8.
9.   # 1つの連続した配列として結合
10.  for x in itertools.chain(list, ['a', 'b', 'c']):
11.      print(x)
```

▶▶▶ **2 行目：Numpy ライブラリの関数を使うために、ライブラリを読み込みます。**

▶▶▶ **4 行目：配列 list を生成します。**

▶▶▶ **6～7 行目：配列 list の要素のペアを抽出し、画面に表示します。**

▶▶▶ **10～11 行目：配列 list に配列 ['a', 'b', 'c'] を結合し、各要素の値を画面に表示します。**

```
(1, 2)
(1, 3)
(1, 4)
(1, 5)
(2, 3)
(2, 4)
(2, 5)
(3, 4)
(3, 5)
(4, 5)
1
2
3
4
5
a
b
c
```

図 2-61：itertools ライブラリの実行結果

collections ライブラリの Counter クラス

collections ライブラリに含まれる Counter クラスは、カウント処理の関数を提供します。

リスト 2-31

```
1.   # Counter クラスの読み込み
2.   from collections import Counter
3.
4.   list = ['a', 'b', 'c', 'a', 'a', 'c']
5.
6.   counter = Counter(list)
7.   print(counter)
8.
9.   for elem, cnt in counter.most_common():
10.      print(elem, cnt)
```

▶▶▶ **2 行目：Counter クラスの関数を使うために、ライブラリを読み込みます。**

▶▶▶ **4 行目：配列 list を生成します。**

▶▶▶ **6〜7 行目：配列 list の要素の出現数をカウントし、その結果を画面に表示します。結果は キーと値のペアで構成される「辞書型」を取ります。**

▶▶▶ **9〜10 行目：出現数の上位順に、キーと値をすべて画面上に表示します。most_common の引数が n の場合は、上位 n 件のキーと値を返します。ここでは引数を指定 していないため全件を返します。**

```
Counter({'a': 3, 'c': 2, 'b': 1})
a 3
c 2
b 1
```

図 2-62：Counter クラスの実行結果

第 2 章のまとめ

　本章の前半では、ディープラーニングの環境を構築する方法を説明しました。本書では、ディープラーニングは Windows 7 上に構築した仮想環境 Ubuntu 14.04（64bit）で実装します。仮想環境を構築・実行するソフトウェアとして VirtualBox をインストールし、Ubuntu 仮想環境をインポート・セットアップできたことでしょう。

　Ubuntu をセットアップした後は、実装に必要な Python 環境の構築とライブラリのインストール方法を説明しました。本書では、Anaconda を使って Python 環境を構築し、必要なライブラリとして TensorFlow と TFLearn、ほかいくつかをインストールしました。

　本章の後半では、Python プログラミングの基礎と実行方法を説明しました。次章からディープラーニングを実装していくための肩慣らしです。本書では、Jupyter Notebook 上で Python のコードを記述し実行します。実際に手を動かし実行することで、データ型や制御文など本書で扱う最低限の文法について理解できたことでしょう。より深く知りたい方は、書籍を利用するなどして自習してください。

　次章からは、本章で構築した環境と Python プログラミングを駆使し、ディープラーニングの手法を理解した上で実装していきます。

Chapter 3

ディープニューラル
ネットワーク体験

・・・

本章からいよいよ、第2章で構築した環境で、ディープラーニングを実装していきます。ニューラルネットワークとディープラーニングの仕組みを理解した後、手書き文字画像の MNIST データセットを使って画像の分類問題を解いてみましょう。

3.1 ニューラルネットワークの仕組み

　ニューラルネットワークは機械学習の手法の一種であり、ヒトの脳のネットワーク構造をもとに考案されました。そのネットワークは**入力層**、**中間層（隠れ層）**、**出力層**を持つ階層構造で構成されます。入力層は入力データ（学習データ）を受け取る場所、出力層は学習結果を出力する場所、中間層はデータから特徴量を抽出する場所です。各層には「○」で表現されるノードが配置され、ノード間は「—」で表現される**エッジ（リンク）**で結ばれます。エッジは隣接する層のノードとの間で結ばれます。そして、エッジは**重み**と呼ばれる量を持ちます。

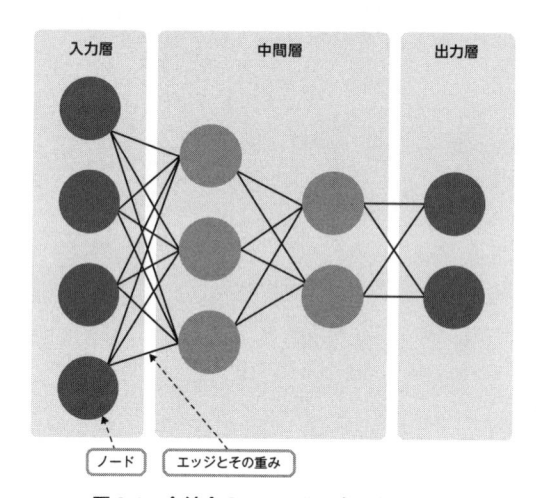

図 3-1：全結合のニューラルネットワーク

　ニューラルネットワークにおける学習では、層から次の層へとデータを送っていくことで、計算を行います。このとき、入力層から順に、左から右へと計算していく「**順伝播**」と、逆に、出力層から順に、右から左へと計算していく「**逆伝播**」を繰り返します。まずは順伝播で行われる計算をみていきましょう。

3.1.1 順伝播の仕組み

順伝播では、データを入力層から順に送って、左から右方向へ計算していきます。まず、各層の各ノードの値を得るには、1つ前の層の各ノードの値とそれぞれのエッジの重みを掛け算し、その結果を足し合わせます。

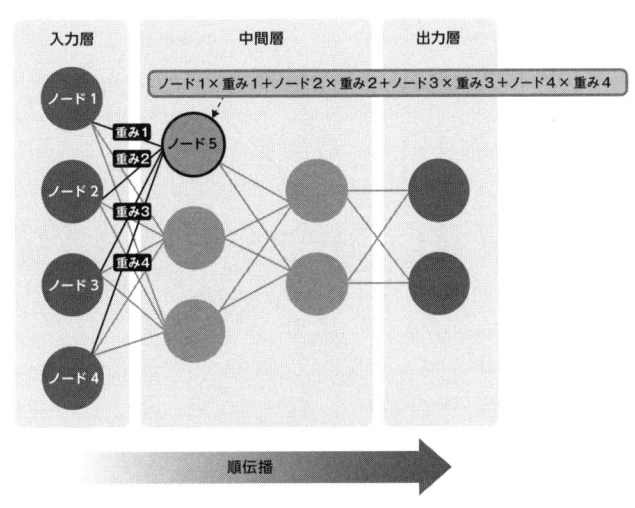

図 3-2：順伝播の仕組み（1）

その足し合わせた結果を、「**活性化関数**」によって変換することで、当該ノードの値が得られます。そして、その値を次の層のノードへ渡します。

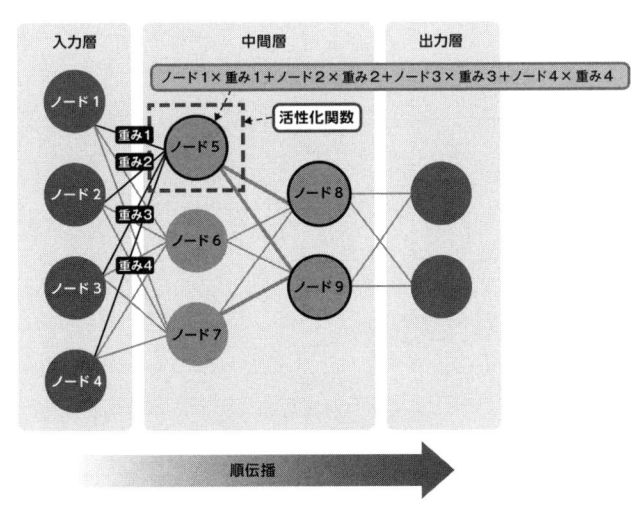

図 3-3：順伝播の仕組み（2）

活性化関数は、足し合わせた結果を非線形へ変換するために利用します。中間層の活性化関数には、シグモイド関数、双曲線関数（tanh：ハイパボリックタンジェント）、ReLU 関数などの種類があります。

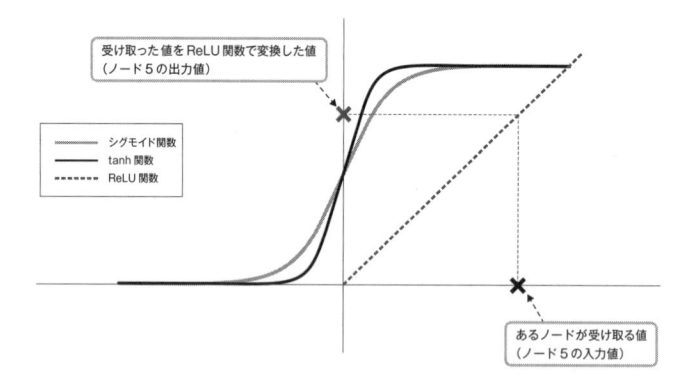

図 3-4：活性化関数の形

入力層から開始し出力層にたどり着くまで、すべてのノードにおいてこの計算を行います。最後に、出力層においても中間層と同様に、計算結果を活性化関数で変換し出力します。学習のタイプが**分類**（例えば画像分類や文書分類など）ならば、活性化関数には**ソフトマックス関数**を用います。**回帰**（例えば需要予測など）ならば、**恒等写像**を用います。仮に、入力画像が犬か猫のどちらであるか分類したい場合、出力層でソフトマックス関数を使えば、犬である確率と猫である確率をそれぞれ計算して出力することができます。

本書では、この後も「〇〇関数」などという聞き慣れない数学用語が登場します。ディープラーニングの詳細を理解するには数式を理解する必要がありますが、本書はディープラーニングを**実装できる（使える）**ことに重きを置くため、数式を使った説明は割愛します。本書では、仕組みは図を使って説明し、いつ・どういったときに使うのかだけに触れます。数式を紐解いて仕組みを理解したい方は、本書巻末の参考文献を確認してください。

3.1.2 逆伝播の仕組み

順伝播の計算が終わると、次は逆伝播の計算を始めます。逆伝播ではまず、出力層で得られた結果と、正解データとを比較し、**誤差関数**を用いて誤差を求めます。誤差とは、真の値（ここでは正解データ）と測定値（ここでは出力層で得られた結果）の差です。誤差関数には、学習のタ

イプが分類ならば**交差エントロピー**を用い、回帰ならば**二乗誤差**を用います。そして、その誤差が小さくなるように（出力層で得られる結果が正解データへ近付くように）、エッジの重みを徐々に更新していきます。

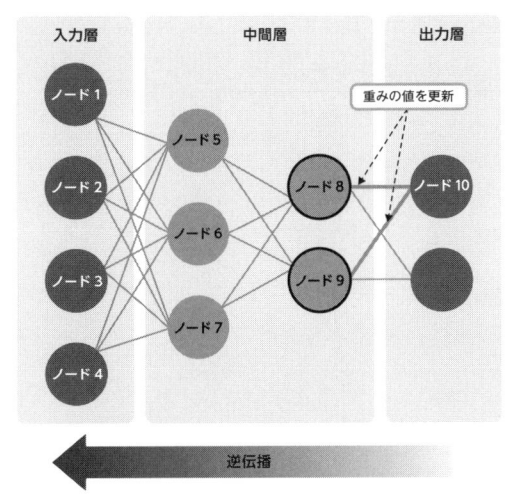

図 3-5：逆伝播の仕組み

「誤差が最小になるように、重みの値を更新する」とは、いったいどういうことでしょうか？誤差と重みの関係、また、重みを更新するイメージについて、坂道を転がるボールに喩えて説明します。ボールには、「初期の位置から底へ到達したい」という力が常に働いています。転がるボールの速度が遅ければ、ゆっくりと底へ到達します。速度が速いと、ボールは行ったり来たりを繰り返しながら、やがて底へ到達します。

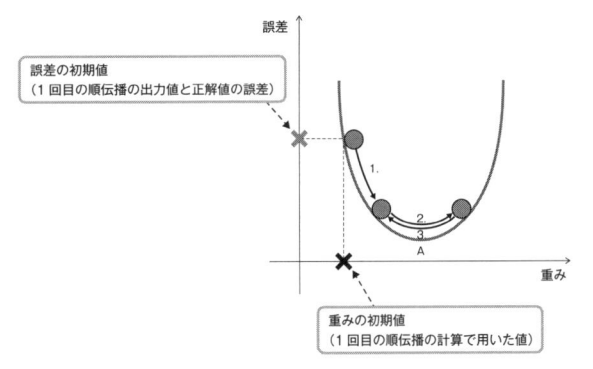

図 3-6：重みの更新の仕組み

ここで、底は誤差の最小値（最適な重みの値）、ボールの位置（高さ）は重みと誤差の値、ボールの速度は**学習係数**にあたります。誤差を最小にするために、誤差が減少する方向へと重みを更新していくこの手法を「**勾配降下法**」と呼びます。学習係数の値が小さすぎても、大きすぎても、学習回数が多くなり時間がかかってしまうので、最適な学習係数を選びたいところです。一般に学習係数は 0.0001〜0.1 の間で設定するとよいとされています。

　誤差を最小にするために重みを更新しながら、データを出力層から入力層へ向かって伝播することから、以上の処理を「**誤差逆伝播法**」と呼びます。

　図 3-6 の誤差の曲線（**損失関数**）の形状は、誤差の最小値（最適な重みの値）を見つけやすいものでした。しかし現実の形状はもっと複雑です。誤差の最小値が存在するにもかかわらず（図 3-7 の A 点）、誤った位置を最小値と勘違いしてしまう場合が少なくありません（図 3-7 の B 点）。この位置を**局所最適点**と呼びます。

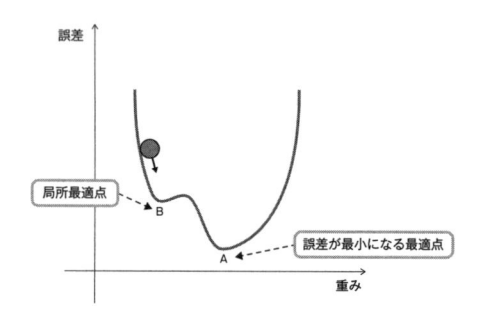

図 3-7：局所最適点に陥る可能性

　入力データをすべて使って学習する**バッチ学習**を行うと、このような局所最適点に陥ることがあります。これを防ぐために、入力データを分割して学習する**ミニバッチ学習**を行います。ミニバッチに分けて学習すると、上述した局所最適点に陥ることを防げる確率が上がります。よって、ミニバッチ学習を行う場合、先に説明した勾配降下法は「**確率的勾配降下法**」と呼びます。また、ミニバッチ数は一般に 10〜100 個の間で設定するとよいとされています。

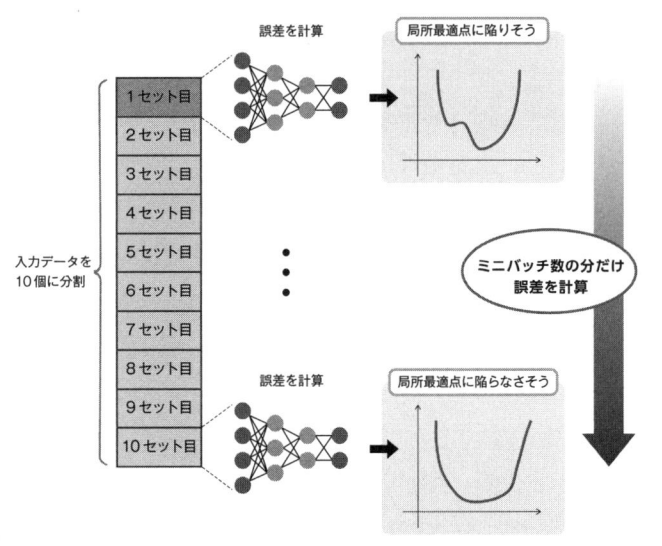

図 3-8：ミニバッチ学習を行うメリット

　以上が逆伝播の計算です。順伝播と逆伝播を繰り返して学習を行い、モデルの精度を高めていきます。

3.2 ディープラーニングの仕組み

ディープラーニングはそれまでのニューラルネットワークに比べて多くの中間層を持つことができ、より複雑な問題を解くことができます。よって、**ディープニューラルネットワーク（Deep Neural Network：DNN）**とも呼びます。ディープラーニングは画像や音声、テキストデータなど次元数が多い非構造化データの扱いが得意です。

中間層を増やし、層を深くしていくと、先に説明した計算方法だけでは学習を適切に行うことができません（**勾配消失問題**）。しかし**事前学習**を行えば、層を深くしても学習を適切に行うことができます。この事前学習が、ニューラルネットワークからディープラーニングへと進化する契機となりました。

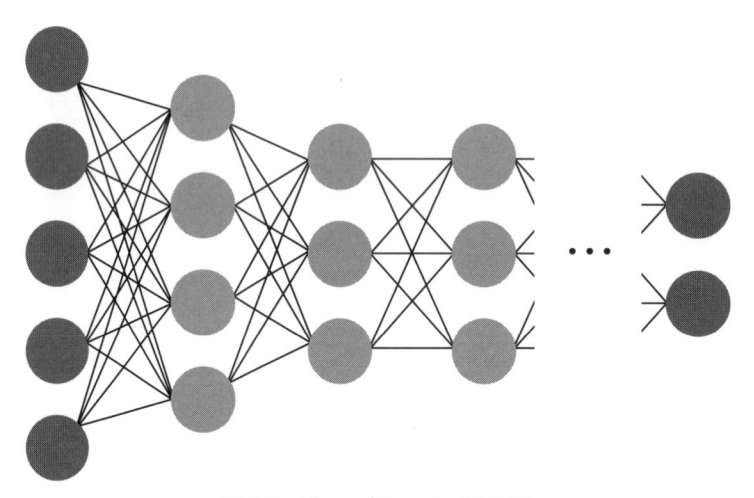

図3-9：ディープラーニングの概観

3.2.1 オートエンコーダの仕組み

事前学習を行う手法には、**オートエンコーダ（Auto Encoder：自己符号化器）**と**制限ボルツマンマシン（Restricted Boltzmann Machine：RBM）**があります。ここでは比較的理解し

やすいオートエンコーダによる事前学習の仕組みを説明します。

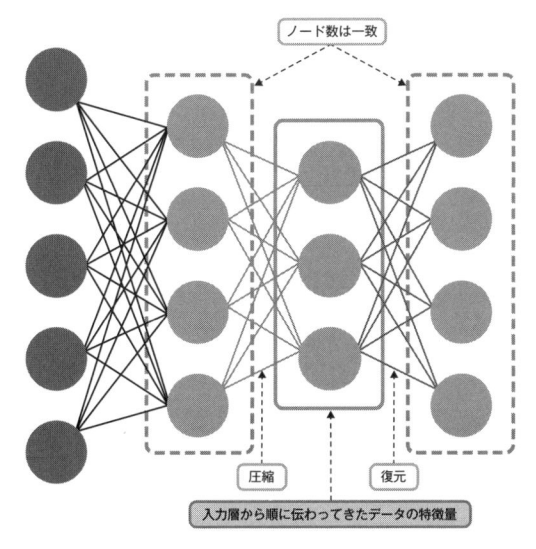

図 3-10：オートエンコーダを用いた事前学習の仕組み

　オートエンコーダは、出力データを入力データに近付けるように（つまりは自分自身を再現できるように）学習する手法です。いわば自分自身が正解データとなり、正解データを別途用意する必要がないことから、教師なし学習に分類されます。

　事前学習を行う目的は、複雑な問題を解けるようにするために、中間層の数を増やしたとき、学習が適切に行われるようにすることにあります。このとき、入力層側のエッジの重みは、入力層から伝わるデータを圧縮して上手く特徴量を抽出できるように調整されます。出力層側のエッジの重みは、特徴量から元のデータを復元できるように調整されます。このようにして中間層を1層ずつ追加していき、深いネットワークを構築します。事前学習によってネットワークを構築できたら、今度は正解データを用いて教師あり学習を行い、学習モデルの精度を高めていきます。

　2012 年に Google 社が発表して話題となった、猫を認識した AI にも、オートエンコーダが用いられていました。人間が機械に「これ（対象）は猫だ」と正解を教えることなく、機械が自分で学習し、対象が猫だと理解したというものです。厳密には「猫の認識」ではなく、「猫を表現する特徴量を得ることができた」とするのが正しい表現です[1]。

※ 1　https://googleblog.blogspot.jp/2012/06/using-large-scale-brain-simulations-for.html

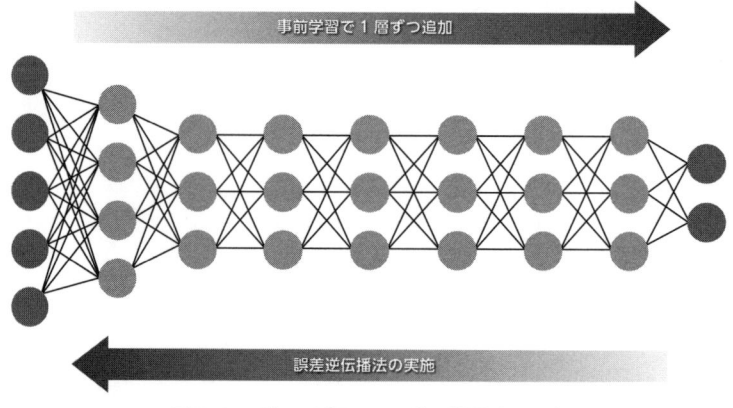

図 3-11：ディープラーニングの学習イメージ

3.2.2　学習のテクニック

　ディープラーニングは層を深くするほど複雑な構造になっていきます。複雑な問題を解ける利点を持つ反面、**過学習（過剰適合）**に陥りやすくなる欠点を持ちます。過学習とは、学習データを使って作成したモデルに対し、学習データは当てはまりがよいものの、学習データ以外のテストデータは、当てはまりが悪い状態を指します。このような場合、モデルは特定のデータだけにしか機能せず、一般化できていません。つまり、**汎化能力**がありません。

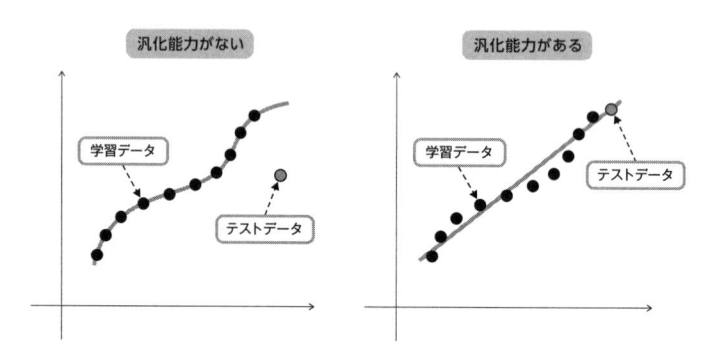

図 3-12：過学習と汎化能力

　過学習を和らげて、ネットワークの汎化能力を高めるためには、**正規化**を行う必要があります。正規化には、L1 正規化、L2 正規化（重み減衰）、ドロップアウトなどの手法があります。L1 正規化は、特徴のない変数の重みを 0 に近付け、特徴のある変数のみを抽出する手法です。L2 正規化は、変数の重みが大きいほど 0 に近付け、重みの過度な増加を抑制する手法です。ドロップアウトは、ある層の中のノードをいくつか無視して、学習を行う手法です。

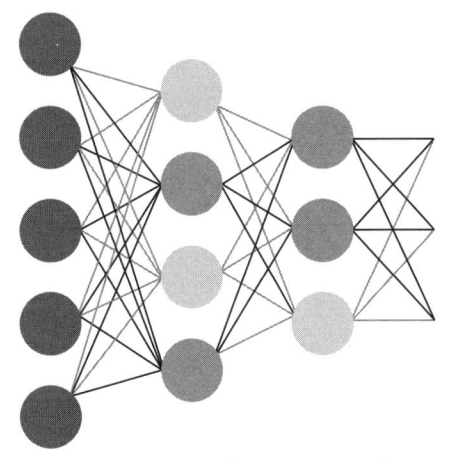

図 3-13：ドロップアウトのイメージ

　以上がディープラーニングの仕組みと学習方法です。ここでは、すべてのノードが結合した全結合型ニューラルネットワークの場合で説明しました。他にも、畳み込みニューラルネットワーク（Convolutional Neural Network：CNN）や再帰型ニューラルネットワーク（Recurrent Neural Network：RNN）などの種類があり、後の章で扱います。一般に、CNN は画像分類に用いられ、RNN はテキストや音声の分類に用いられることが多いです。これらのネットワークは構造こそ異なりますが、**学習の仕組みはここで説明した考え方を基本とします。**

　本章では、TFLearn の操作に慣れるためにも、まずは基本的な全結合型のニューラルネットワークを実装していきましょう。

3.3 ディープラーニングの実装手順

本書では基本的に、次のような順番で実装していきます。

最初の処理では、実装に必要なライブラリを読み込みます。2番目の処理では、学習データとテストデータを読み込み、ディープラーニングへ入力できる形へ変換します。学習データはモデルの作成に使用し、テストデータは作成したモデルの精度を検証するために使用します。3番目の処理では、各種ニューラルネットワークを作成します。具体的には、各層のノード数、中間層の形状や層数、使用する活性化関数などを定義します。4番目の処理では、作成したニューラルネットワークに学習データを流し込み、学習を行います。このとき、テストデータを用いてモデルの精度を計算します。最後の処理では、正解が不明な未知データに、作成したモデルを当てはめて予測を行い、その結果を得ます。

図3-14：ディープラーニングの実装手順

実装の流れを掴むことができましたでしょうか？　次節から、手書き文字画像の MNIST データセットを対象にして、実際にディープラーニングを実装してみましょう。

3.4 手書き文字画像 MNIST の分類

手書き文字画像の MNIST データセットを対象にして、3.1 節で説明した全結合型のニューラルネットワークを実装し、画像を分類してみましょう。

3.4.1 MNISTデータセット

MNIST（Mixed National Institute of Standards and Technology database）は、手書きの数字 0～9 が描かれた白黒（二値）画像のデータセットであり、初歩的な画像認識の演習等に広く使われています[※2]。画像 1 枚は 28 × 28 ピクセルのサイズです。

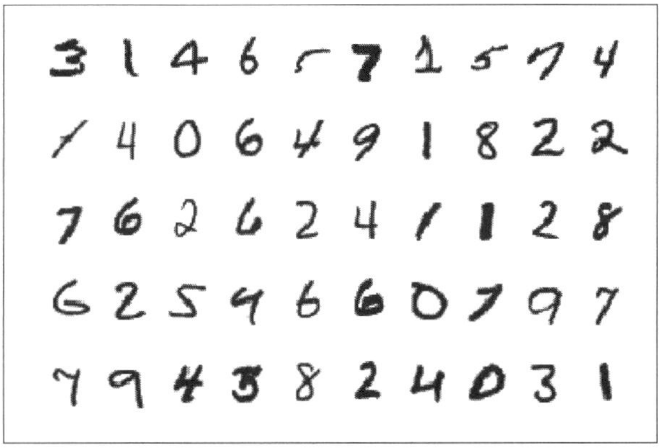

図 3-15：MNIST データセットの中身

このデータセットは、JPEG などの可視化された形式ではなく、ピクセル値で表現された行列形式で提供されています。画像 1 枚につき 28 × 28 = 784 個のピクセル値を持ちます。また、0～9 のどの数字の画像であるかを示す正解データも含んでいます。

※2　http://yann.lecun.com/exdb/mnist/

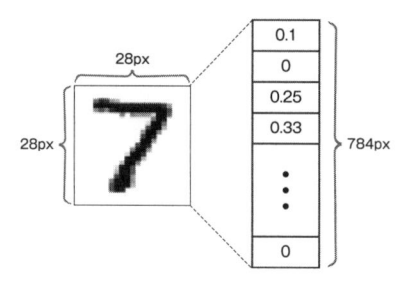

図 3-16：画像の表現

MNIST データセットは事前にダウンロードしておく必要はありません。なぜなら、TFLearn の関数を使ってこの後の実装の中でダウンロードするからです。

3.4.2 Jupyter Notebookを起動

TFLearn を使って MNIST の分類を行いましょう。そのために、第 2 章で作成した Python 環境へ移動し、環境を有効化し、Jupyter Notebook を起動しましょう。

リスト 3-1

```
$ cd anaconda3/envs/tfbook [Enter]
$ source activate tfbook [Enter]
$ jupyter notebook [Enter]
```

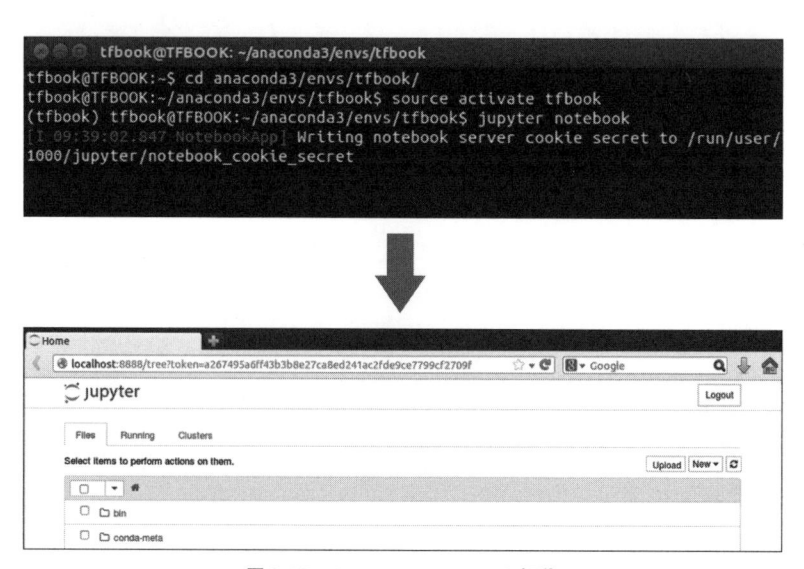

図 3-17：Jupyter Notebook の起動

Jupyter Notebook が起動したら、ノートを新規作成しましょう。そして、先頭のセルから順にコードを記述し実装していきます。実装は 3.3 節の手順で進めていきます。

3.4.3 ライブラリの読み込み

TensorFlow ライブラリ、TFLearn ライブラリ、Matplotlib ライブラリ、Numpy ライブラリを読み込みます。Matplotlib はグラフを描画するときに使用するライブラリです。次のコードをノートの先頭セルに入力しましょう。

リスト 3-2

```
1.   ## 1.ライブラリの読み込み ##
2.   # TensorFlowライブラリ
3.   import tensorflow as tf
4.   # tflearnライブラリ
5.   import tflearn
6.
7.   # MNISTデータセットを扱うためのライブラリ
8.   import tflearn.datasets.mnist as mnist
9.
10.  # MNIST画像を表示するためのライブラリ
11.  from matplotlib import pyplot as plt
12.  from matplotlib import cm
13.  import numpy as np
```

リスト 3-2 のコードをセルに入力するイメージを図 3-18 に示します。

```
In [1]:   ## 1. ライブラリの読み込み ##

          # TensorFlowライブラリ
          import tensorflow as tf
          # tflearnライブラリ
          import tflearn

          # mnistデータセットを扱うためのライブラリ
          import tflearn.datasets.mnist as mnist

          # MNIST画像を表示するためのライブラリ
          from matplotlib import pyplot as plt
          from matplotlib import cm
          import numpy as np
```

図 3-18：ライブラリの読み込み

実行して、エラーメッセージが表示されなければ読み込み完了です。

ここまでは、ソースコードのリストと、セルのソースコード画面を表示しました。以降は、ソースコードのリストを基本とし、必要に応じて出力結果の画面を表示します。

3.4.4 データの読み込みと前処理

Jupyter Notebook の Home 画面から端末を起動し、MNIST データをダウンロードするためのディレクトリを作成しましょう。

リスト 3-3

```
$ mkdir data [Enter]
$ cd data [Enter]
$ mkdir mnist [Enter]
```

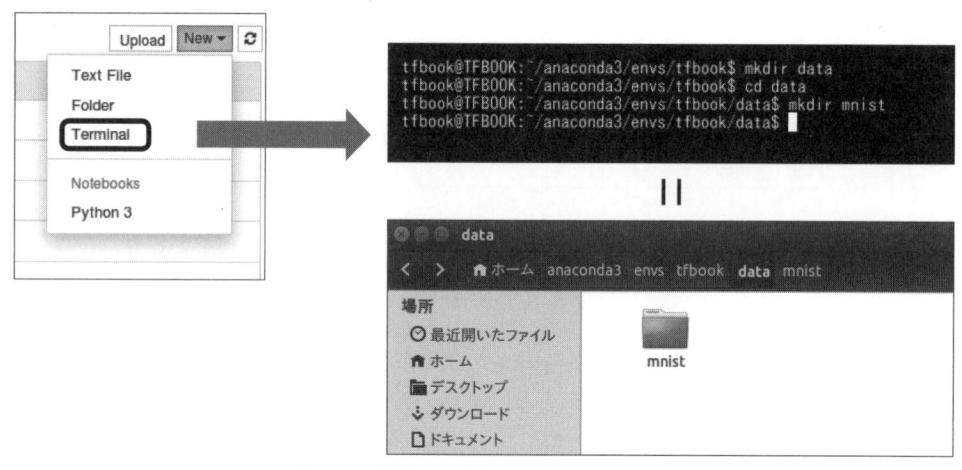

図 3-19：端末の起動とディレクトリの作成

ノートのセルに MNIST データセットをダウンロードし、配列へ格納するコードを入力して、実行してみましょう。

リスト 3-4

```
1. ## 2.データの読み込みと前処理 ##
2. # MNISTデータを./data/mnistへダウンロードし、解凍して各変数へ格納
3. trainX, trainY, testX, testY = mnist.load_data('./data/mnist/', one_hot=True)
```

▶▶▶ 3行目：load_data 関数を使って MNIST データを読み込みます。

- 1番目の引数：データの読み込み先を指定します。ここでは、data ディレクトリの下の mnist ディレクトリとします。データがなければ自動でダウンロードします。

- 2番目の引数：正解データを One-hot 形式へ変換するかどうかを指定します。ここでは、True（変換する）とします。One-hot 形式とは、正解データが取り得るすべての値のうち、該当する値に 1 を立て、それ以外の値に 0 を立てる形式です。ここでは、手書き数字が 0〜9 の 10 種類あるため、正解データが取り得る値は 10 になります。

図 3-20：正解データの One-hot 表現

セルの実行結果から、データのダウンロードと解凍に成功していることが分かります。データのダウンロードは初回のみ行います。

```
Downloading MNIST...
Succesfully downloaded train-images-idx3-ubyte.gz 9912422 bytes.
Extracting data/mnist/train-images-idx3-ubyte.gz
Downloading MNIST...
Succesfully downloaded train-labels-idx1-ubyte.gz 28881 bytes.
Extracting data/mnist/train-labels-idx1-ubyte.gz
Downloading MNIST...
Succesfully downloaded t10k-images-idx3-ubyte.gz 1648877 bytes.
Extracting data/mnist/t10k-images-idx3-ubyte.gz
Downloading MNIST...
Succesfully downloaded t10k-labels-idx1-ubyte.gz 4542 bytes.
Extracting data/mnist/t10k-labels-idx1-ubyte.gz
```

図 3-21：MNIST データの読み込み

学習用の画像ピクセルデータを配列 **trainX** へ、学習用の画像正解データを配列 **trainY** へ、テスト用の画像ピクセルデータを配列 **testX** へ、テスト用の画像正解データを配列 **testY** へ格納します。学習用データセットはモデルの作成と精度の検証用に使用し、テスト用データセットは未知データとして使用します。テスト用データセットも正解データを持っていますが、今回は正解の値を持たない未知データがないため、テスト用データセットを未知データとみなして扱います。

3.4.5 データの確認

配列へ格納した学習用とテスト用のデータの、サイズやピクセル値を確認してみましょう。

リスト 3-5

```
1.   ## データの確認
2.   # 学習用の画像ピクセルデータと正解データのサイズを確認
3.   print(len(trainX),len(trainY))
4.
5.   # テスト用の画像ピクセルデータと正解データのサイズを確認
6.   print(len(testX),len(testY))
7.
8.   # 学習用の画像ピクセルデータを確認
9.   print(trainX)
10.
11.  # 学習用の正解データを確認
12.  print(trainY)
```

▶▶▶ **3 行目**：配列 **trainX** と配列 **trainY** のサイズを画面上に表示します。

▶▶▶ **6 行目**：配列 **testX** と配列 **testY** のサイズを画面上に表示します。

▶▶▶ **9 行目**：配列 **trainX** の要素を画面上に表示します。

▶▶▶ **12 行目**：配列 **trainY** の要素を画面上に表示します。

```
55000 55000
10000 10000
[[ 0.  0.  0. ...,  0.  0.  0.]
 [ 0.  0.  0. ...,  0.  0.  0.]
 [ 0.  0.  0. ...,  0.  0.  0.]
 ...,
 [ 0.  0.  0. ...,  0.  0.  0.]
 [ 0.  0.  0. ...,  0.  0.  0.]
 [ 0.  0.  0. ...,  0.  0.  0.]]
[[ 0.  0.  0. ...,  1.  0.  0.]
 [ 0.  0.  0. ...,  0.  0.  0.]
 [ 0.  0.  0. ...,  0.  0.  0.]
 ...,
 [ 0.  0.  0. ...,  0.  0.  0.]
 [ 0.  0.  0. ...,  0.  0.  0.]
 [ 0.  0.  0. ...,  0.  1.  0.]]
```

図 3-22：データの確認（1）

学習用の画像データセットが 55000 枚分、テスト用の画像データセットが 10000 枚分あることが分かります。各配列の要素が省略されて詳細が分からないため、学習用の 1 枚目の画像データに絞って、画像のピクセル値である配列 trainX[0] の要素と、画像の正解データである

trainY[0] の要素を確認してみましょう。

まずは、配列 trainX[0] の要素を確認しましょう。

リスト 3-6

```
1.   # 学習用の画像ピクセルデータを確認
2.   trainX[0]
```

```
0.        , 0.        , 0.        , 0.        , 0.        ,
0.        , 0.        , 0.38039219, 0.37647063, 0.3019608 ,
0.46274513, 0.2392157 , 0.        , 0.        , 0.        ,
0.        , 0.        , 0.        , 0.        , 0.        ,
0.        , 0.        , 0.        , 0.        , 0.        ,
0.        , 0.        , 0.35294119, 0.5411765 , 0.92156869,
0.92156869, 0.92156869, 0.92156869, 0.92156869, 0.92156869,
0.98431379, 0.98431379, 0.97254908, 0.99607849, 0.96078438,
0.92156869, 0.74509805, 0.08235294, 0.        , 0.        ,
0.        , 0.        , 0.        , 0.        , 0.54901963,
0.98431379, 0.99607849, 0.99607849, 0.99607849, 0.99607849,
0.99607849, 0.99607849, 0.99607849, 0.99607849, 0.99607849,
0.99607849, 0.99607849, 0.99607849, 0.99607849, 0.99607849,
0.74117649, 0.09019608, 0.        , 0.        , 0.        ,
```

図 3-23：データの確認 (2)

実行結果をスクロールすると、すべてのピクセル値を確認できます。このピクセル値を持つ画像を表示してみましょう。

リスト 3-7

```
1.   # 学習用の画像データを確認（1枚目）
2.   plt.imshow(trainX[0].reshape(28, 28), cmap=cm.gray_r, interpolation='nearest')
3.   plt.show()
```

▶▶▶ **2 行目：配列 trainx[0] の要素 784 を 28 × 28 サイズに変換し、グレースケール画像として表示するための設定を行います。**

▶▶▶ **3 行目：設定した画像を表示します。**

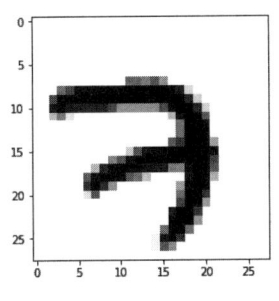

図 3-24：データの確認 (3)

次に、正解データの配列 trainY[0] の要素を確認し、1枚目の画像が何の数字なのかを明らかにしましょう。

リスト 3-8

```
1.   # 学習用の正解データを確認（1枚目）
2.   trainY[0]
```

```
array([ 0.,  0.,  0.,  0.,  0.,  0.,  0.,  1.,  0.,  0.])
```
図 3-25：データの確認 (4)

図 3-25 で表示した数字は「7」であることが分かります。ここでは、学習用データセットの一部を確認する方法を説明しました。テスト用データセットに関しても同様に確認できます。

3.4.6 ニューラルネットワークの作成

いよいよ、入力層が 784 ノード（画像 1 枚のピクセル値）、中間層が 128 ノード、出力層が 10 ノード（数字 0～9 の 10 種類）から成る全結合型ニューラルネットワークを構築し、モデルの分類精度を確かめます。

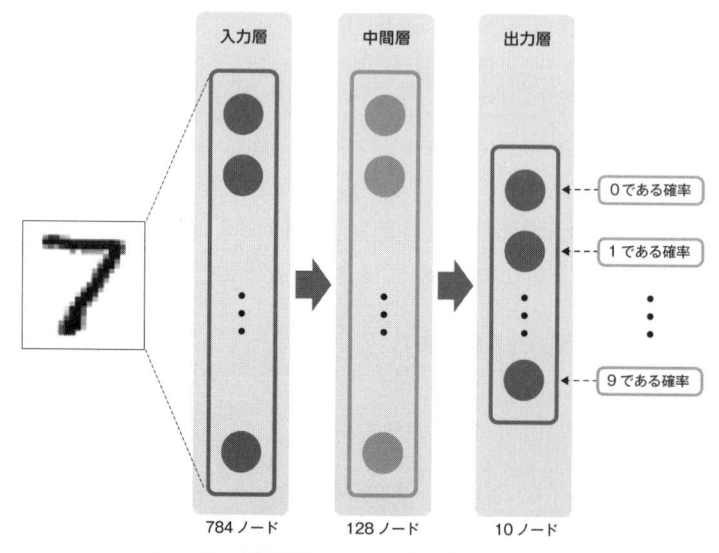

図 3-26：全結合型ニューラルネットワークの構成

本章の 3.1 節と 3.2 節では、ネットワークの構造を詳細に表現しましたが、これ以降は図 3-26 のように簡略化した形で表現します。

リスト 3-9

```
1.   ## 3.ニューラルネットワークの作成 ##
2.
3.   ## 初期化
4.   tf.reset_default_graph()
5.
6.   ## 入力層の作成
7.   net = tflearn.input_data(shape=[None, 784])
8.
9.   ## 中間層の作成
10.  net = tflearn.fully_connected(net, 128, activation='relu')
11.  net = tflearn.dropout(net, 0.5)
12.
13.  ## 出力層の作成
14.  net = tflearn.fully_connected(net, 10, activation='softmax')
15.  net = tflearn.regression(net, optimizer='sgd', learning_rate=0.5, loss='categorical_
     crossentropy')
```

▶▶▶ **4 行目：ネットワークを初期化します。**

▶▶▶ **7 行目：input_data 関数を使って入力層を作成します。**
- 1 番目の引数：shape には、入力する学習データの形状として、バッチサイズとノード数を設定します。ここでは、None（ここでは指定しない）と 784（画像 1 枚あたりのピクセルデータ数）とします。

▶▶▶ **10 行目：fully_connected 関数を使って、全結合の中間層を作成します。**
- 1 番目の引数：作成する層の 1 つ前の層（結合の対象となる層）を設定します。ここでは、net にあたります。
- 2 番目の引数：作成する層のノード数を設定します。ここでは、128 とします。
- 3 番目の引数：使用する活性化関数を設定します。ここでは、relu（ReLU 関数）とします。

▶▶▶ **11 行目：dropout 関数を使って、作成した層に対しドロップアウトを行います。**
- 1 番目の引数：ドロップアウトする対象の層を設定します。ここでは、net にあたります。
- 2 番目の引数：対象となる層の全ノードのうち何割を残しておくか、その比率を設定します。ここでは、0.5 とします。

▶▶▶ **14 行目：fully_connected 関数を使って、全結合の層を作成します。**

- 1番目の引数：作成する層の1つ前の層（結合の対象となる層）を設定します。ここでは、net にあたります。

- 2番目の引数：作成する層のノード数を設定します。ここでは、10 とします（正解の数字が 0～9 の 10 種類あるため）。

- 3番目の引数：作成する層で使用する活性化関数を設定します。ここでは、softmax（ソフトマックス関数）を使用します。

▶▶▶ **15 行目：regression 関数を使って、学習の条件を設定します。**

- 1番目の引数：学習の対象となる層を設定します。ここでは、これまで作成してきた層である net にあたります。

- 2番目の引数：最適化の手法を設定します。ここでは、sgd（確率的勾配降下法）を使用します。

- 3番目の引数：学習係数を設定します。ここでは、0.5 とします。

- 4番目の引数：誤差関数を設定します。ここでは、categorical_crossentropy（交差エントロピー）を使用します。

　本書では、一般的な性能の PC で実行できるよう、中間層の層数やノード数がコンパクトなニューラルネットワークを作成しています。高性能の PC を所有している方は、中間層の構造をより深く、ノード数が多いものを作成してみてください。その際、第2章で構築した仮想環境の上で実装する場合は、割り当てる CPU 数とメモリ数を増やしてください。

3.4.7　モデルの生成(学習)

学習データセットを使って、作成したニューラルネットワークに対し学習を実行してみましょう。

リスト 3-10

```
1.  ## 4. モデルの作成（学習）  ##
2.  # 学習の実行
3.  model = tflearn.DNN(net)
4.  model.fit(trainX, trainY, n_epoch=20, batch_size=100, validation_set=0.1, show_
    metric=True)
```

▶▶▶ 3 行目：DNN 関数を使って、作成したニューラルネットワークと学習条件をセットします。

- 1 番目の引数：セットする対象のニューラルネットワークを設定します。ここでは、net にあたります。

▶▶▶ 4 行目：fit 関数を使って、学習を実行しモデルを作成します。

- 1 番目の引数：学習データを設定します。ここでは、学習用の画像ピクセルデータを格納した配列 trainX です。
- 2 番目の引数：正解データを設定します。ここでは、学習用の画像正解データを格納した配列 trainY です。
- 3 番目の引数：エポック数（≒学習回数）を設定します。ここでは、20 とします。
- 4 番目の引数：バッチサイズを設定します。ここでは 100 とします。
- 5 番目の引数：モデルの精度を検証するためのテストデータセットを設定します。ここでは、学習用データセットのうちの 1 割（0.1）とします。
- 6 番目の引数：学習のステップごとに精度を表示するかどうかを設定します。ここでは、True（表示する）とします。

Jupyter Notebook の実行ボタンをクリックし実行すると、学習の状況が画面に表示されます。学習用データセットを使ってモデルを作成し検証した結果、筆者の環境では精度は 97.6%となりました。モデルの精度は個々の実行環境により変動するため、常に本書と同じ精度になるとは限りません。

```
Training Step: 9899  | total loss: 0.12416 | time: 4.822s
| SGD | epoch: 020 | loss: 0.12416 - acc: 0.9602 -- iter: 49400/49500
Training Step: 9900  | total loss: 0.11723 | time: 5.870s
| SGD | epoch: 020 | loss: 0.11723 - acc: 0.9622 | val_loss: 0.10042 - val_acc: 0.9760 -- iter: 49500/49500
--
```

図 3-27：学習状況の表示

3.4.8 モデルの適用（予測）

作成したモデルを、未知データ（ここではテスト用データセット）に適用し、未知データの予測精度を確認してみましょう。

リスト 3-11

```
1.  ## 5. モデルの適用（予測）  ##
2.  pred = np.array(model.predict(testX)).argmax(axis=1)
3.  print(pred)
4.
5.  label = testY.argmax(axis=1)
6.  print(label)
7.
8.  accuracy = np.mean(pred == label, axis=0)
9.  print(accuracy)
```

▶▶▶ **2〜3 行目**：作成したモデルを、テスト用データのピクセル値を格納した配列 **testX** に適用
　　　　　 します。出力結果（数字 0〜9 のいずれか）を変数 **pred** に格納して、画面に表
　　　　　 示します。

▶▶▶ **5〜6 行目**：テスト用データの正解の値を格納した配列 **testY**（数字 0〜9 のいずれか）を、
　　　　　 変数 **label** に格納して画面に出力します。

▶▶▶ **8〜9 行目**：出力結果を格納した変数 **pred** の値と、正解の値を格納した変数 **label** の値が、
　　　　　 どの程度一致しているか、値の平均をとって予測精度とします。

```
[7 2 1 ..., 4 5 6]
[7 2 1 ..., 4 5 6]
0.9758
```

図 3-28：予測精度の確認

　未知のデータ（ここではテスト用データセット）に対する予測の精度は、97.58% となりました。
予測の精度は個々の実行環境により変動するため、常に本書と同じ精度になるとは限りません。

第3章のまとめ

　本章の前半では、ニューラルネットワークの仕組みと、その進化形であるディープラーニング（ディープニューラルネットワーク）の仕組み、そして学習方法について説明しました。

　ネットワークは大きく分けて入力層、中間層、出力層から成ります。それぞれの層には数値を格納するノードが敷き詰められており、異なる層間のノードはエッジにより結合されています。そして学習では、入力層から出力層に向かって計算していく順伝播と、出力層から入力層に向かって計算していく逆伝播を繰り返しながら、エッジの重みを更新し、出力層の計算値と正解値の差（誤差）が小さくなるよう、モデルの精度を高めていきます。また、学習を効率よく進めるテクニックもいくつか紹介しました。

　本章の後半では、TFLearn ライブラリを使って全結合のニューラルネットワークを作成し、手書き文字画像 MNIST データセットの分類問題に挑戦しました。使用するデータの確認やネットワークの作成、学習の実行を通して、前半の内容に関する理解が深まったことでしょう。

　ここでは、全結合型のニューラルネットワークを使って画像を分類しました。しかし一般的には、画像に対しては畳み込みニューラルネットワークを用いる方が、より高い精度で分類できると知られています。次章ではその方法を説明します。

Chapter

4

畳み込みニューラル
ネットワークの体験

第3章では、全結合のニューラルネットワークとディープニューラルネットワークの仕組みを理解し、手書き文字画像 MNISTの分類を行いました。本章では、中間層が全結合層だけではなく、畳み込み層とプーリング層を入れた畳み込みニューラルネットワークを扱います。この仕組みを理解した後、再度 MNISTデータの分類を行ってみましょう。また、より一般的な JPEG形式や PNG形式などの画像に対する分類にも挑戦してみましょう。

4.1 畳み込みニューラルネットワークの仕組み

畳み込みニューラルネットワーク（Convolutional Neural Network：CNN） は、ここ数年、画像認識でよく使われるようになりました。第1章でディープラーニングの活用例として挙げた被写体認識や異常検知などにも採用されています。それでは早速、CNNの仕組みを見ていきましょう。

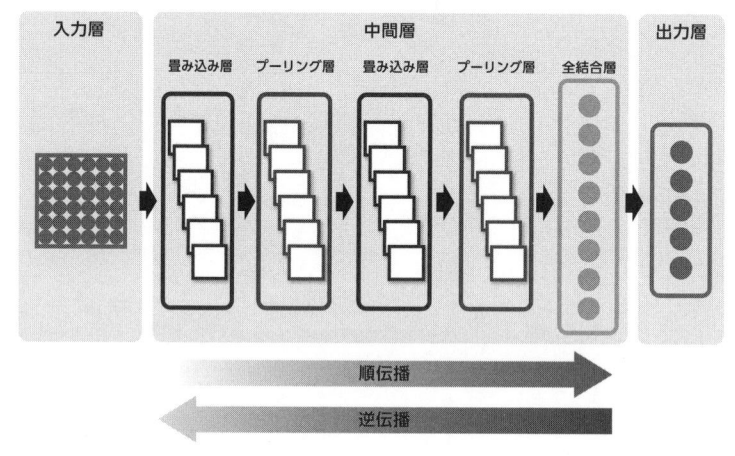

図4-1：CNNの仕組み

　CNNの入力層は、学習データとして2次元の入力データを受け取ります。出力層は学習の結果を出力します。中間層は、**畳み込み層**、**プーリング層**、全結合層で構成されます。一般的には、畳み込み層とプーリング層を交互に2セット配置します。

　学習に関しては、CNNも第3章で説明したものと同じく、順伝播と逆伝播を繰り返して精度を高めていきます。まずは、畳み込み層とプーリング層の仕組みに着目し、CNNにおける順伝播を説明します。

4.1.1　畳み込み層の仕組み

　畳み込み層では、2次元データに対してフィルタ処理を施すことにより、データ（各ノード）が持つ数値とフィルタの値を掛け合わせて、局所的な特徴を抽出します。画像データを対象に考えた場合、エッジ（像の輪郭線）検出などといった特徴量の抽出にあたります。

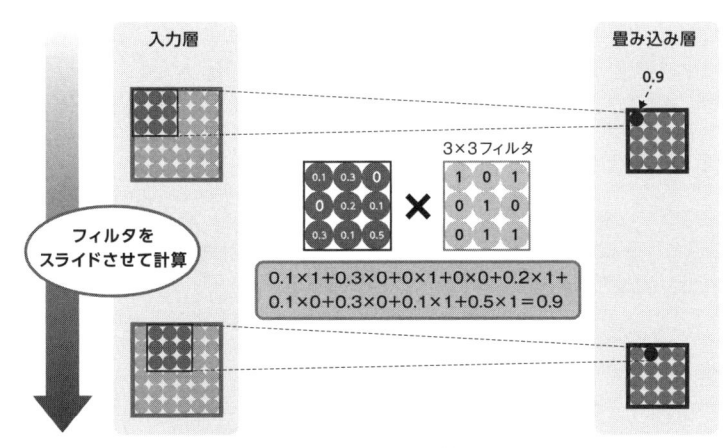

図 4-2：畳み込み層の仕組み

　フィルタを次々とスライドさせて畳み込みの計算を行い、活性化関数を適用して、学習データの特徴量を抽出していきます。

4.1.2　プーリング層の仕組み

　プーリング層では、畳み込み層から受け取った特徴量に対し、領域内の最大値や平均値を取ることで、重要な特徴を残してデータを圧縮します。つまり、データの特徴をよりコンパクトに表現でき、扱いやすくなります。画像データを対象に考えた場合、プーリングによって画像の位置のズレを吸収することができます。

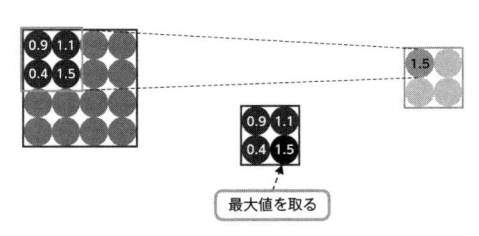

図 4-3：プーリング層の仕組み（最大値）

プーリング層の結果は1次元データへ変換され、全結合層へと渡されます。次に、全結合層の結果が活性化関数で変換されて、出力層へ渡されます。そして、出力層が計算結果を活性化関数で変換し、最終的な出力結果を得ます。以上が順伝播の処理です。

　第3章で扱った全結合のニューラルネットワークとCNNでは何が違うのでしょうか？　例えば、10人が指定された領域内に同じ文字を書き、それらを画像データに変換するとします。同じ文字を書く場合でも、人によって書く位置が端に寄っていたり、形が傾いていたりするなど様々です。

　仮に、特徴量を1ピクセル単位の細かい粒度で抽出すると、これらの画像はズレ（誤差）が大きいため、異なる文字の画像であると認識してしまうかもしれません。

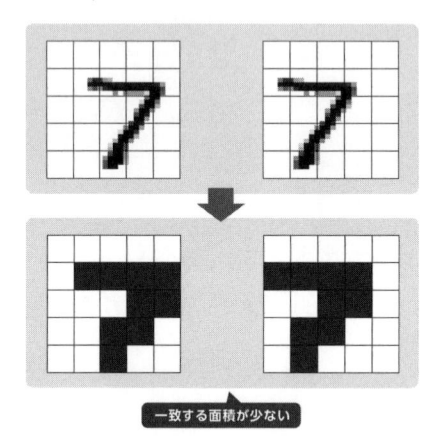

図 4-4：全結合ニューラルネットワークの場合

　しかしCNNの場合は、畳み込み層で特徴量を領域単位で抽出し、プーリング層で位置のズレを吸収するため、同じ文字の画像であると認識できます。これがCNNを利用するメリットです。

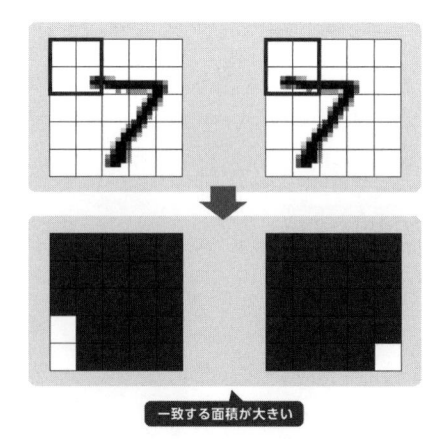

図 4-5：CNN の場合

4.1.3 パディングの仕組み

　畳み込み層とプーリング層で特徴量を抽出していくと、データのサイズは元のサイズより小さくなります。データのサイズを保ちたい場合は、特徴量の周りをゼロで埋める「**ゼロパディング**」と呼ばれる手法を用いるとよいでしょう。ゼロパディングを行えば、計算の回数が増えることにより、データの端の特徴も抽出することができます。

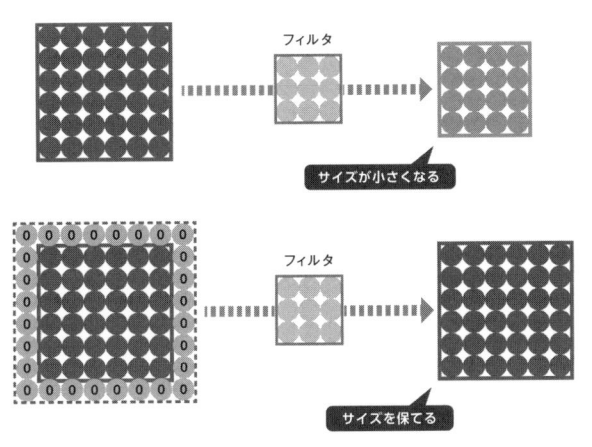

図 4-6：ゼロパディングの仕組み

　逆伝播では、出力層で得られた結果と正解データを比較し、誤差関数を用いて誤差を計算します。そして、誤差が最小になるように、出力層から入力層へ向かって、誤差逆伝播法によって畳み込み層のフィルタのパラメータを更新し、学習を行います。フィルタのパラメータは、第3章で扱った全結合ニューラルネットワークのエッジの重みにあたります。

　CNN における学習の仕組みは、基本的には第3章で説明した考え方と同じです。

4.2 手書き文字画像 MNIST の分類

　第3章では全結合のニューラルネットワークを作成し、手書き文字画像 MNIST データセットを使って、画像の分類問題を解きました。ここでは CNN を実装し、画像を分類してみましょう。データセットは第3章と同じものを使用します。第3章と同じく、第2章で作成した Python 環境へ移動し、環境を有効化して Jupyter Notebook を起動しましょう。

リスト 4-1

```
$ cd anaconda3/envs/tfbook [Enter]
$ source activate tfbook [Enter]
$ jupyter notebook [Enter]
```

図 4-7：Jupyter Notebook の起動

　Jupyter Notebook が起動したら、ノートを新規作成しましょう。そして、先頭セルから順にコードを記述し実装していきます。実装は第3章の 3.3 節と同じ手順で進めていきます。

4.2.1　ライブラリの読み込み

　TensorFlow ライブラリ、TFLearn ライブラリ、Numpy ライブラリを読み込みます。次のコードをノートの先頭セルに入力しましょう。

リスト 4-2

```
1.   ## 1.ライブラリの読み込み ##
2.
3.   # TensorFlowライブラリ
4.   import tensorflow as tf
5.   # tflearnライブラリ
6.   import tflearn
7.
8.   # 層の作成、学習に必要なライブラリの読み込み
9.   from tflearn.layers.core import input_data, dropout, fully_connected
10.  from tflearn.layers.conv import conv_2d, max_pool_2d
11.  from tflearn.layers.normalization import local_response_normalization
12.  from tflearn.layers.estimator import regression
13.
14.  # MNISTデータセットを扱うためのライブラリ
15.  import tflearn.datasets.mnist as mnist
16.
17.  import numpy as np
```

　実行してエラーメッセージが表示されなければ、読み込みは完了です。

4.2.2　データの読み込みと前処理

　MNIST データセットを読み込み、配列へ格納します。MNIST データセットは、第 3 章で data ディレクトリの下の mnist ディレクトリへダウンロードしておいたものです。

リスト 4-3

```
1.   ## 2.データの読み込みと前処理 ##
2.   # MNISTデータを./data/mnistへダウンロードし、解凍して各変数へ格納
3.   trainX, trainY, testX, testY = mnist.load_data('./data/mnist/', one_hot=True)
```

▶▶▶ **3 行目：load_data 関数を使って MNIST データを読み込みます。**

● 1 番目の引数：データの読み込み先を指定します。ここでは、data ディレクトリの下の mnist ディレクトリとします。データがなければ自動でダウンロードされます。

- 2番目の引数：正解データを One-hot 形式へ変換するかどうかを指定します。ここでは、True（変換する）とします。One-hot 形式とは、正解データが取り得るすべての値のうち、該当する値に 1 を立て、それ以外の値に 0 を立てる形式です。ここでは、手書き数字が 0 〜9 の 10 種類あるので、正解データが取り得る値の数は 10 になります。

セルの実行結果から、データのダウンロードと解凍が成功していることが分かります。

```
Extracting ./data/mnist/train-images-idx3-ubyte.gz
Extracting ./data/mnist/train-labels-idx1-ubyte.gz
Extracting ./data/mnist/t10k-images-idx3-ubyte.gz
Extracting ./data/mnist/t10k-labels-idx1-ubyte.gz
```

図 4-8：MNIST データの読み込み

　学習用の画像ピクセルデータを配列 **trainX** へ格納し、学習用の画像正解データを配列 **trainY** へ格納し、テスト用の画像ピクセルデータを配列 **testX** へ格納し、テスト用の画像正解データを配列 **testY** へ格納します。学習用データセットはモデルの作成と精度の検証に使用し、テスト用データセットは未知データとして使用します。テスト用データセットも正解データを持っていますが、今回は正解の値を持たない未知データがないため、テスト用データセットを未知データとして扱います。

4.2.3　データの確認

　学習用の画像 1 枚目のピクセルデータと、正解データを表示してみましょう。

リスト 4-4

```
1.  # 1枚目の画像ピクセル値を表示
2.  trainX[0]
```

```
 0.        , 0.        , 0.        , 0.        , 0.        ,
 0.        , 0.        , 0.38039219, 0.37647063, 0.3019608 ,
 0.46274513, 0.2392157 , 0.        , 0.        , 0.        ,
 0.        , 0.        , 0.        , 0.        , 0.        ,
 0.        , 0.        , 0.35294119, 0.5411765 , 0.92156869,
 0.92156869, 0.92156869, 0.92156869, 0.92156869, 0.92156869,
 0.98431379, 0.98431379, 0.97254908, 0.99607849, 0.96078438,
 0.92156869, 0.74509805, 0.08235294, 0.        , 0.        ,
 0.        , 0.        , 0.        , 0.        , 0.54901963,
 0.98431379, 0.99607849, 0.99607849, 0.99607849, 0.99607849,
 0.99607849, 0.99607849, 0.99607849, 0.99607849, 0.99607849,
 0.99607849, 0.99607849, 0.99607849, 0.99607849, 0.99607849,
 0.74117649, 0.09019608, 0.        , 0.        , 0.        ,
 0.        , 0.        , 0.        , 0.        , 0.        ,
```

図 4-9-a：データの確認

実行結果をスクロールすると、すべてのピクセル値を確認できます。

リスト 4-5

```
1.  # 1枚目の画像ピクセル値のサイズを表示
2.  print(len(trainX[0]))
3.
4.  # 1枚目の画像正解データを表示
5.  print(trainY[0])
```

▶▶▶ **2 行目：配列 trainX の 1 番目の要素のサイズを、画面上に表示します。**

▶▶▶ **5 行目：配列 trainY の 1 番目の要素を、画面上に表示します。**

```
784
[ 0. 0. 0. 0. 0. 0. 0. 1. 0. 0.]
```

図 4-9-b：データの確認

1 枚目の画像ピクセルデータは、サイズ 784 の 1 次元配列に格納されており、正解データから数字 7 の画像であることが分かります。

リスト 4-6

```
1.  # 画像ピクセルデータを1次元から2次元へ変換
2.  trainX = trainX.reshape([-1, 28, 28, 1])
3.  testX = testX.reshape([-1, 28, 28, 1])
```

▶▶▶ 2 行目：CNN を使って学習するために、学習（入力）データは 2 次元でなければなりません。 reshape 関数を使って、1 次元のデータである配列 trainX と testX を、2 次元のデータへと変換します。

● 1 番目の引数：サイズが 784 のデータを 28 × 28 へ変換するので、引数は -1, 28, 28 とします。今回はグレースケール画像が対象なので、カラーチャネルは 1 とします。

▶▶▶ 3 行目：上記と同じ理由で、配列 testX を 2 次元のデータへ変換します。

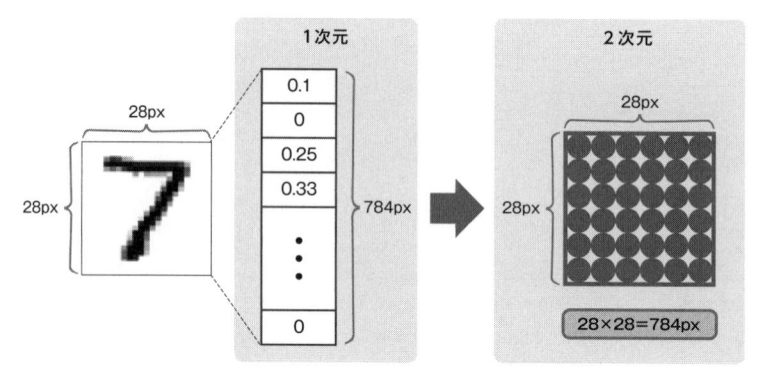

図 4-10-a：1 次元データを 2 次元へ変換

変換した学習用の画像 1 枚目のピクセルデータを表示してみましょう。

リスト 4-7

```
1.  # 1枚目の画像ピクセル値を表示
2.  trainX[0]
```

```
[ 0.        ],
[ 0.38039219],
[ 0.37647063],
[ 0.3019608 ],
[ 0.46274513],
[ 0.2392157 ],
[ 0.        ],
[ 0.        ],
[ 0.        ],
[ 0.        ],
```

図 4-10-b：変換した学習用の画像 1 枚目のピクセルデータ

また、サイズも確認してみましょう。

リスト 4-8

```
1.  # 1枚目の画像ピクセル値のサイズを表示
2.  len(trainX[0])
```

配列 trainX の 1 番目の配列のサイズは 28 です。1 枚目の画像ピクセルデータはサイズ 28 × 28 の 2 次元配列に格納されています。図 4-9-a と図 4-10-b のピクセル値を見比べてみると、値は同じで、構造が変わっただけであることが分かります。

4.2.4　ニューラルネットワークの作成

　ここでは、入力層が 28 × 28 ノード、中間層は畳み込み層とプーリング層が 2 層ずつ、全結合層が 1 層、出力層が 10 ノード（数字 0~9 の 10 種類）から成る CNN を構築し、モデルの分類精度を確かめます。畳み込み層で使用するフィルタのサイズは 5 とし、プーリング層の領域のサイズは 2 とします。また、全結合層のノード数を 128 とします。

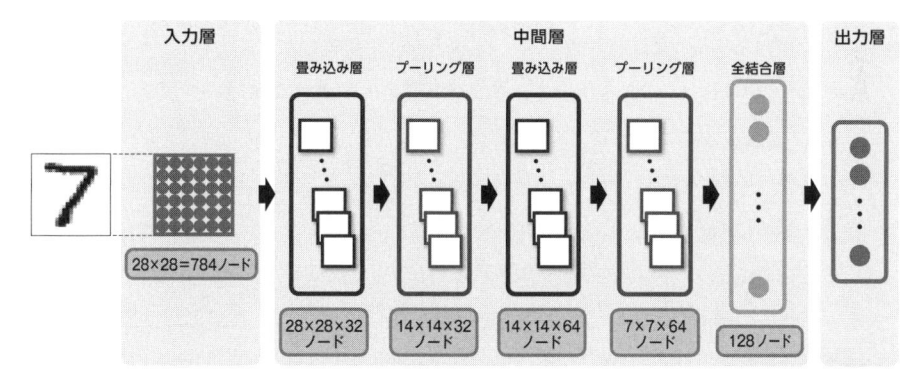

図 4-11：CNN

リスト 4-9

```
1.   ## 3.ニューラルネットワークの作成 ##
2.
3.   ## 初期化
4.   tf.reset_default_graph()
5.
6.   ## 入力層の作成
7.   net = input_data(shape=[None, 28, 28, 1])
8.
9.   ## 中間層の作成
10.  # 畳み込み層の作成
11.  net = conv_2d(net, 32, 5, activation='relu')
12.  # プーリング層の作成
13.  net = max_pool_2d(net, 2)
14.  # 畳み込み層の作成
15.  net = conv_2d(net, 64, 5, activation='relu')
16.  # プーリング層の作成
17.  net = max_pool_2d(net, 2)
18.  # 全結合層の作成
19.  net = fully_connected(net, 128, activation='relu')
```

```
20.  net = dropout(net, 0.5)
21.
22.  ## 出力層の作成
23.  net = tflearn.fully_connected(net, 10, activation='softmax')
24.  net = tflearn.regression(net, optimizer='sgd', learning_rate=0.5, loss='categorical_
     crossentropy')
```

▶▶▶ **4 行目：ネットワークを初期化します。**

▶▶▶ **7 行目：input_data 関数を使って入力層を作成します。**

● 1番目の引数：shape には、入力する学習データの形状として、バッチサイズとノード数を設定します。ここでは、None（ここでは指定しない）と、28 と 28（画像 1 枚あたりのピクセル数）、1（グレースケール画像）とします。

▶▶▶ **11 行目：conv_2d 関数を使って、畳み込み層を作成します。**

● 1番目の引数：作成する層の 1 つ前の層（結合の対象となる層）を設定します。ここでは、net にあたります。

● 2番目の引数：畳み込みフィルタ数（出力次元数）を設定します。ここでは、1 番目の畳み込み層では 32 とします。

● 3番目の引数：フィルタのサイズを設定します。ここでは、5 × 5 とします。

● 4番目の引数：使用する活性化関数を設定します。ここでは、relu（ReLU 関数）を使用します。

● また、引数として明示的に設定していませんが、ゼロパディングを行ってサイズを保持しています。同様に、フィルタは 1 ずつスライドします。

▶▶▶ **13 行目：max_pool_2d 関数を使って、プーリング層を作成します。**

● 1番目の引数：作成する層の 1 つ前の層を設定します。ここでは、net にあたります。

● 2番目の引数：最大プーリングを行う領域を設定します。ここでは、2 × 2 とします。

▶▶▶ **15 行目：conv_2d 関数を使って、畳み込み層を作成します。**

● 1番目の引数：作成する層の 1 つ前の層（結合の対象となる層）を設定します。ここでは、net にあたります。

● 2番目の引数：畳み込みフィルタ数（出力次元数）を設定します。ここでは、1 つ目の畳み込み層では 64 とします。

● 3番目の引数：フィルタのサイズを設定します。ここでは、5 × 5 とします。

● 4番目の引数：使用する活性化関数を設定します。ここでは、relu（ReLU 関数）を使用します。

● また、引数として明示的に設定していませんが、ゼロパディングを行ってサイズを保持しています。同様に、フィルタは 1 ずつスライドします。

▶▶▶ **17 行目：max_pool_2d 関数を使って、プーリング層を作成します。**

● 1 番目の引数：作成する層の 1 つ前の層を設定します。ここでは、net にあたります。

● 2 番目の引数：最大プーリングを行う領域を設定します。ここでは、2 × 2 とします。

　入力層における 28 × 28 × 1 サイズのデータは、1 層目の畳み込み層で 28 × 28 × 32 サイズとなり、1 層目のプーリング層で 14 × 14 × 32 サイズとなり、2 層目の畳み込み層で 14 × 14 × 64 サイズとなり、2 層目のプーリング層で 7 × 7 × 64 サイズとなります。

▶▶▶ **19 行目：fully_connected 関数を使って全結合層を作成します。**

● 1 番目の引数：作成する層の 1 つ前の層（結合の対象となる層）を設定します。ここでは、net にあたります。

● 2 番目の引数：作成する層のノード数を設定します。ここでは、128 とします。

● 3 番目の引数：使用する活性化関数を設定します。ここでは、relu（ReLU 関数）とします。

▶▶▶ **20 行目：dropout 関数を使って、作成した層に対しドロップアウトを行います。**

● 1 番目の引数：ドロップアウトの対象とする層を設定します。ここでは、net にあたります。

● 2 番目の引数：対象となる層の全ノードのうち何割を残しておくか、その比率を設定します。ここでは、0.5 とします。

▶▶▶ **23 行目：fully_connected 関数を使って、全結合層を作成します。**

● 1 番目の引数：作成する層の 1 つ前の層（結合の対象となる層）を設定します。ここでは、net にあたります。

● 2 番目の引数：作成する層のノード数を設定します。ここでは、10 とします（正解の数字が 0～9 の 10 種類あるため）。

● 3 番目の引数：作成する層で使用する活性化関数を設定します。ここでは、softmax（ソフトマックス関数）を使用します。

▶▶▶ **24 行目：regression 関数を使って、学習の条件を設定します。**

● 1 番目の引数：学習の対象となる層を設定します。ここでは、これまで作成してきた層である net にあたります。

● 2 番目の引数：最適化の手法を設定します。ここでは、sgd（確率的勾配降下法）を使用します。

● 3 番目の引数：学習係数の減衰係数を設定します。ここでは、0.5 とします。

● 4 番目の引数：誤差関数を設定します。ここでは、categorical_crossentropy（交差エントロピー）を使用します。

4.2.5 モデルの生成(学習)

学習データセットを使って、作成した CNN で学習を実行してみましょう。

リスト 4-10

```
1.  ## 4. モデルの作成（学習） ##
2.  # 学習の実行
3.  model = tflearn.DNN(net)
4.  model.fit(trainX, trainY, n_epoch=20, batch_size=100, validation_set=0.1, show_
    metric=True)
```

▶▶▶ **3 行目:DNN 関数を使って、作成したニューラルネットワークと学習条件をセットします。**

● 1 番目の引数:セットする対象のニューラルネットワークを設定します。ここでは、net に
あたります。

▶▶▶ **4 行目:fit 関数を使って学習を実行し、モデルを作成します。**

● 1 番目の引数:学習データを設定します。ここでは、学習用の画像ピクセルデータを格納し
た配列 trainX です。

● 2 番目の引数:正解データを設定します。ここでは、学習用の画像正解データを格納した配
列 trainY です。

● 3 番目の引数:エポック数（≒学習回数）を設定します。ここでは、20 とします。

● 4 番目の引数:バッチサイズを設定します。ここでは 100 とします。

● 5 番目の引数:モデルの精度を検証するためのテストデータセットを設定します。ここでは、
学習用データセットのうちの 1 割 (0.1) とします。

● 6 番目の引数:学習のステップごとに精度を表示するかどうかを設定します。ここでは、
True (表示する) とします。

Jupyter Notebook の実行ボタンをクリックして実行すると、学習の状況が表示されます。
筆者の環境では、学習用データセットを使ってモデルを作成し、検証した精度は 99.07 % です。
モデルの精度は個々の実行環境により変動するため、常に本書と同じ精度になるとは限りません。

```
Training Step: 9899  | total loss: 0.00947 | time: 72.647s
| SGD | epoch: 020 | loss: 0.00947 - acc: 0.9981 -- iter: 49400/49500
Training Step: 9900  | total loss: 0.01383 | time: 75.702s
| SGD | epoch: 020 | loss: 0.01383 - acc: 0.9963 | val_loss: 0.03602 - val_acc: 0.9907 -- iter: 49500/49500
--
```

図 4-12:学習状況の表示

4.2.6 モデルの適用（予測）

　作成したモデルを未知データ（ここではテスト用データセット）に適用し、未知データの予測精度を確認してみましょう。

リスト 4-11

```
1.  ## 5. モデルの適用（予測）  ##
2.  pred = np.array(model.predict(testX)).argmax(axis=1)
3.  print(pred)
4.
5.  label = testY.argmax(axis=1)
6.  print(label)
7.
8.  accuracy = np.mean(pred == label, axis=0)
9.  print(accuracy)
```

▶▶▶ **2～3 行目**：作成したモデルを、テスト用データのピクセル値を格納した配列 **testX** に適用し、出力結果（数字 **0～9** のいずれか）を変数 **pred** に格納します。そして、画面に表示します。

▶▶▶ **5～6 行目**：テスト用データの正解の値を格納した配列 **testY**（数字 **0～9** のいずれか）を、変数 **label** に格納し、画面上に出力します。

▶▶▶ **8～9 行目**：出力結果を格納した変数 **pred** の値と、正解の値を格納した変数 **label** の値が、どの程度一致しているか、値の平均を取って予測精度とします。

```
[7 2 1 ..., 4 5 6]
[7 2 1 ..., 4 5 6]
0.9927
```

図 4-13：予測精度の確認

　未知のデータ（ここではテスト用データセット）に対する予測の精度は 99.27％です。第 3 章の全結合型ニューラルネットワークを用いたときよりも、高い精度で分類することができました。よって、画像データに対しては、CNN を用いることが有効であると実感できたことでしょう。

　ここまでは、画像がピクセル値で提供されたデータセットを使用してきました。しかし実際には、JPEG 形式や PNG 形式といった、人の目で見て何が写っているか判別できる画像ファイルを、学習（入力）データとして使用することが多いと思います。そこで次節では、このような形式の画像ファイルを処理し、ピクセル値へ変換する方法を説明します。

4.3 一般的な画像の分類

JPEG 形式や PNG 形式などの画像ファイルは、機械学習に使用できる形へ変換しなければなりません。画像処理ライブラリ Pillow を使って、その変換を行う方法を説明します。

4.3.1 Pillowの基本操作

Pillow（PIL[*1]）は Python の画像処理ライブラリです。画像のグレースケール化や二値化などの加工、拡大や縮小などの整形を行うことができます。Pillow は Anaconda と一緒にインストールされています。

ここでは、ディープラーニングの実装に必要な最低限の操作に慣れておきましょう。第 3 章 3.4.2 節と同じく、第 2 章で構築した Python 環境へ移動し、環境を有効化し、Jupyter Notebook を起動しましょう。

Numpy と Pillow（PIL）ライブラリを読み込みます。

リスト 4-12

```
1.  ## ライブラリの読み込み
2.  import numpy as np
3.  from PIL import Image
```

100 × 100 サイズの画像ファイルを 1 枚読み込み、画面上に表示してみましょう。

リスト 4-13

```
1.  # 画像ファイルの読み込み
2.  image = Image.open('./data/pict/sample.jpg', 'r')
3.  # 画像ファイルの表示
4.  image
```

※ 1　https://pillow.readthedocs.io/en/4.2.x/

▶▶▶ **2 行目：読み込むファイルを指定し、画像データを変数 image へ格納します。**

▶▶▶ **4 行目：変数 image を画面上に表示します。**

図 4-14-a：カラー画像の操作（実際にはカラーで表示される）

　画像ファイルをピクセル値で表示してみましょう。カラー画像なので、ピクセル値は縦×横×色（RGB）の 3 次元配列で表示されます。

リスト 4-14

```
1.   # 画像ファイルをピクセル値で表示
2.   image_px = np.array(image)
3.   # 画像ファイルの表示
4.   print(image_px)
```

▶▶▶ **2 行目：変数 image に格納した画像データを Numpy 配列へ変換し、配列 image_px へ格納します。**

▶▶▶ **4 行目：配列 image_px の要素を画面上に表示します。**

```
[[125 116 137]
 [116 107 128]
 [112 100 120]
 ...,
 [ 61  57  80]
 [ 62  58  81]
 [ 61  57  80]]

[[122 113 134]
 [122 110 132]
 [120 108 128]
 ...,
 [ 62  58  81]
 [ 61  57  80]
 [ 60  56  79]]]
```

図 4-14-b：カラー画像の操作

3次元のピクセル値の配列を、1次元のフラットな配列へ変換して表示してみましょう。そして、変換した配列のサイズも確認してみましょう。

リスト 4-15

```
1.  # 画像ピクセル値を1次元配列に変換
2.  image_flatten = image_px.flatten().astype(np.float32)/255.0
3.  print(image_flatten)
4.
5.  # 画像ピクセル値（配列）のサイズを表示
6.  print(len(image_flatten))
```

▶▶▶ **2行目：配列 image_px を 1 次元のフラットな形にして、255 で割って値を正規化したものを配列 image_flatten へ格納します。**

▶▶▶ **3行目：配列 image_flatten の要素を画面上に表示します。**

▶▶▶ **6行目：配列 image_flatten のサイズを画面上に表示します。**

```
[ 0.40784314  0.3764706   0.46666667 ...,  0.23529412  0.21960784
  0.30980393]
30000
```

図 4-14-c：カラー画像の操作

　配列 image_flatten のサイズは 30000 です。これは、縦（100 ピクセル）×横（100 ピクセル）×色（RGB の 3 色）を意味します。

　今度は、先に読み込んだカラー画像ファイルを、グレースケール画像へ変換して表示してみましょう。

リスト 4-16

```
1.  # 画像をグレースケールへ変換
2.  gray_image = image.convert('L')
3.  # 画像ファイルの表示
4.  gray_image
```

▶▶▶ **2行目：カラー画像を格納した変数 image を、グレースケール画像へ変換し、変数 gray_image へ格納します。**

▶▶▶ **4行目：変数 gray_image を画面上に表示します。**

図 4-15-a：グレースケール画像の操作（実際も白黒で表示される）

　画像ファイルをピクセル値へ変換して表示してみましょう。グレースケール画像なので、ピクセル値は縦×横の 2 次元配列で表示されます。

リスト 4-17

```
1.  # 画像ファイルをピクセル値で変換
2.  gray_image_px = np.array(gray_image)
3.  print(gray_image_px)
```

▶▶▶ **2 行目：変数 gray_image に格納した画像データを Numpy 配列へ変換し、配列 gray_image_px へ格納します。**

▶▶▶ **3 行目：配列 gray_image_px の要素を画面上に表示します。**

```
[[101 109 110 ..., 119 121 114]
 [ 94 109 112 ..., 107 126 111]
 [ 91 106 106 ..., 110 174 170]
 ...,
 [120 115 109 ...,  60  61  62]
 [121 112 105 ...,  60  61  60]
 [118 116 113 ...,  61  60  59]]
```

図 4-15-b：グレースケール画像の操作

　2 次元のピクセル値の配列を、1 次元のフラットな配列へ変換して表示してみましょう。そして、変換した配列のサイズも確認してみましょう。

リスト 4-18

```
1.  # 画像ピクセル値を1次元配列に変換
2.  gray_image_flatten = gray_image_px.flatten().astype(np.float32)/255.0
3.  print(gray_image_flatten)
4.
5.  # 画像ピクセル値（配列）のサイズを表示
6.  print(len(gray_image_flatten))
```

▶▶▶ **2 行目：配列 gray_image_px を 1 次元のフラットな形にして、255 で割って値を正規化したものを配列 gray_image_flatten へ格納します。**

▶▶▶ **3 行目：配列 gray_image_flatten の要素を画面上に表示します。**

▶▶▶ **6 行目：配列 gray_image_flatten のサイズを画面上に表示します。**

```
[ 0.39607844  0.42745098  0.43137255 ...,  0.23921569  0.23529412
  0.23137255]
10000
```

図 4-15-c：グレースケール画像の操作

フラットに変換した配列のサイズは 10000 です。これは、縦（100 ピクセル）×横（100 ピクセル）× 1（グレースケール）を意味しています。

以上で、Pillow によりカラー画像をグレースケールに変換できたことが、3 次元ピクセル値の配列サイズからも確認できました。

画像から分類モデルを作成するためには、十分な量の画像データを用意する必要があります。しかし、十分な量の画像データを用意できない場合は、もとある画像データを加工して枚数を増やすこともできます。ここでは、Pillow を使った画像の加工方法を紹介します。まずはライブラリを読み込みましょう。

リスト 4-19

```
1.  # ライブラリの読み込み
2.  from PIL import ImageEnhance
```

画像の彩度（色の鮮やかさの尺度）を変更し、その結果を表示してみましょう。

リスト 4-20

```
1.  # 画像の彩度を調整
2.  conv1 = ImageEnhance.Color(image)
3.  conv1_image = conv1.enhance(0.5)
4.  conv1_image
```

▶▶▶ **2〜3 行目：画像 image の彩度を係数の値（ここでは 0.5）によって調整し、その結果を変数 conv1_image へ格納します。係数が 0.0 なら白黒画像、係数が 1.0 なら元の画像になります。**

▶▶▶ **4 行目：画像 conv1_image を画面上に表示します。**

図 4-16-a：画像の彩度を比較（元の画像）

図 4-16-b：画像の彩度を比較（彩度 0.5 の画像）
※実際はグレースケールに近い画像

画像の明度（色の明暗の尺度）を変更し、その結果を表示してみましょう。

リスト 4-21

```
1.  # 画像の明度を調整
2.  conv2 = ImageEnhance.Brightness(image)
3.  conv2_image = conv2.enhance(0.5)
4.  conv2_image
```

▶▶▶ **2～3 行目：画像 image の明度を係数の値（ここでは 0.5）によって調整し、その結果を変数 conv2_image へ格納します。係数が 0.0 なら黒い画像、係数が 1.0 なら元の画像になります。**

▶▶▶ **4 行目：画像 conv2_image を画面上に表示します。**

図 4-17-a：画像の明度を比較（元の画像）

図 4-17-b：画像の明度を比較（明度 0.5 の画像）

画像のコントラスト（色の明暗の差）を変更し、その結果を表示してみましょう。

リスト 4-22

```
1.  # 画像のコントラストを調整
2.  conv3 = ImageEnhance.Contrast(image)
3.  conv3_image = conv3.enhance(0.5)
4.  conv3_image
```

▶▶▶ **2〜3 行目**：画像 image のコントラストを係数の値（ここでは 0.5）によって調整し、その結果を変数 conv3_image へ格納します。係数が 0.0 ならソリッドグレー画像、係数が 1.0 なら元の画像になります。

▶▶▶ **4 行目**：画像 conv3_image を画面上に表示します。

図 4-18-a：画像のコントラストを比較（元の画像）　　図 4-18-b：画像のコントラストを比較（コントラスト 0.5 の画像）

画像のシャープネス（輪郭の強調の尺度）を変更し、その結果を表示してみましょう。

リスト 4-23

```
1.  # 画像のシャープネスを調整
2.  conv4 = ImageEnhance.Sharpness(image)
3.  conv4_image = conv4.enhance(2.0)
4.  conv4_image
```

▶▶▶ **2〜3 行目**：画像 image のシャープネスを係数の値（ここでは 2.0）によって調整し、その結果を変数 conv4_image へ格納します。係数が 0.0 なら輪郭がぼやけた画像、係数が 1.0 なら元の画像、係数が 2.0 なら輪郭が強調された鮮明な画像になります。

▶▶▶ **4 行目**：画像 conv4_image を画面上に表示します。

図 4-19-a：画像のシャープネスを比較（元の画像）　　図 4-19-b：画像のシャープネスを比較（シャープネス 2.0 の画像）

最後に、加工した画像を保存してみましょう。

リスト 4-24

```
1.  # 加工した画像を保存
2.  conv4_image.save("./data/pict/conv_sample.jpg")
```

▶▶▶ **2 行目：シャープネスを調整した画像をファイル名 conv_sample.jpg として保存します。**

　以上で、Pillow により画像の彩度、明度、コントラスト、シャープネスを調整し加工できることを確認できました。

4.3.2 画像の分類

　Pillow の基本的な使い方に慣れてきたところで、一般的な画像に対する分類問題を解いてみましょう。画像データを学習に使用できるよう、入力層へ渡せる形式へ変換した後、4.2 節と同じく CNN を実装し画像を分類してみます。また、第 3 章と 4.2 節と同じく、Jupyter Notebook を使って実装します。Jupyter Notebook を起動しノートを新規作成しましょう。

1. ライブラリの読み込み

　TensorFlow ライブラリ、TFLearn ライブラリ、OS ライブラリ、Numpy ライブラリ、Pillow を読み込みます。次のコードをノートの先頭セルに入力しましょう。

リスト 4-25

```
1.   ## 1.ライブラリの読み込み ##
2.
3.   # TensorFlowライブラリ
4.   import tensorflow as tf
5.   # tflearnライブラリ
6.   import tflearn
7.
8.   # 層の作成、学習に必要なライブラリの読み込み
9.   from tflearn.layers.core import input_data, dropout, fully_connected
10.  from tflearn.layers.conv import conv_2d, max_pool_2d
11.  from tflearn.layers.normalization import local_response_normalization
12.  from tflearn.layers.estimator import regression
13.
14.  import os
15.  import numpy as np
16.  from PIL import Image
```

　実行してエラーメッセージが表示されなければ、読み込みは完了です。

2. データの読み込みと前処理

画像を読み込み、処理を行っていきます。強調した箇所（リスト 4-26 の 15、17、19、20 行目）が画像に関する主な処理です。

リスト 4-26

```
1.   ## 画像データの処理
2.
3.   # 学習用の画像ファイルを格納しているディレクトリ
4.   train_dirs = ['pos', 'neg']
5.
6.   # 学習データを格納する配列の準備
7.   trainX = [] # 画像ピクセル値
8.   trainY = [] # 正解データ
9.
10.  for i, d in enumerate(train_dirs):
11.      # ファイル名の取得
12.      files = os.listdir('./data/pict/' + d)
13.      for f in files:
14.          # 画像読み込み
15.          image = Image.open('./data/pict/' + d + '/' + f, 'r')
16.          # グレースケールへ変換
17.          gray_image = image.convert('L')
18.          # 画像ファイルをピクセル値へ変換
19.          gray_image_px = np.array(gray_image)
20.          gray_image_flatten = gray_image_px.flatten().astype(np.float32)/255.0
21.          trainX.append(gray_image_flatten)
22.
23.          # 正解データをone_hot形式へ変換
24.          tmp = np.zeros(2)
25.          tmp[i] = 1
26.          trainY.append(tmp)
27.
28.  # numpy配列に変換
29.  trainX = np.asarray(trainX)
30.  trainY = np.asarray(trainY)
```

▶▶▶ **4 行目：学習用の画像ファイルを格納しているディレクトリを指定します。画像ファイルは pos（positive）のディレクトリに 291 枚、neg（negative）のディレクトリに 193 枚格納されているとします。また、ディレクトリ名が正解データであると考えてください。**

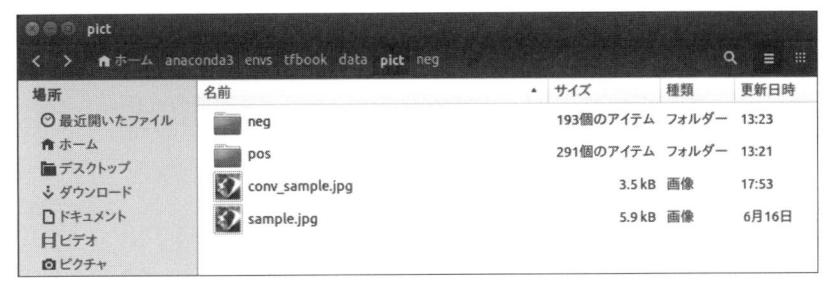

図 4-20-a：pos と neg ディレクトリの場所

図 4-20-b：pos ディレクトリの画像

図 4-20-c：neg ディレクトリの画像

▶▶▶ **10 行目**：インデックス付きで 2 つの画像ディレクトリを読み込みます。このインデックスを正解データの作成に使用します。

▶▶▶ **13 行目**：画像ディレクトリの中の画像 1 枚ずつに対し、14〜26 行目の処理を行います。

▶▶▶ **15 行目**：画像ファイルを読み込み、変数 image へ格納します。

▶▶▶ **17 行目**：変数 image へ格納された画像をカラーからグレースケールへ変換し、変数 gray_image へ格納します。

▶▶▶ **19 行目**：変数 gray_image へ格納した画像を Numpy 配列 gray_image_px へ格納し、ピクセルデータで表現します。

▶▶▶ **20 行目**：配列 gray_image_px を 1 次元のフラットな形へ変換し、配列 gray_image_flatten へ格納します。

▶▶▶ **24 行目**：サイズが 2、要素が 0 である配列 tmp を作成します。

▶▶▶ **25 行目**：10 行目で読み込んだディレクトリのインデックスを使って、one-hot 形式の正解データを作成します。配列 tmp へ、pos ディレクトリがインデックス 0、neg ディレクトリがインデックス 1 であることを反映します。

▶▶▶ **29〜30 行目**：画像ピクセルデータ trainX と正解データ trainY をまとめて Numpy 配列へ変換します。

3. データの確認

変換した画像 1 枚目のピクセルデータ trainX と正解データ trainY を表示してみましょう。

リスト 4-27

```
1.  # 1枚目の画像ピクセル値と正解データを表示
2.  print(trainX[0])
3.  print(trainY[0])
```

```
[ 0.75294119  0.95294118  0.76862746 ...,  0.8392157   0.65098041
  0.47843137]
[ 1.  0.]
```

図 4-21-a：データの確認

続けて、変換した画像 1 枚目のピクセルデータ trainX と正解データ trainY の長さを表示してみましょう。

リスト 4-28

```
1.  # 1枚目の画像ピクセル値と正解データの長さを表示
2.  print(len(trainX[0]))
3.  print(len(trainY[0]))
```

```
1024
2
```

図 4-21-b：データの確認

1 枚目の画像ピクセルデータは、サイズが 1024（32 × 32 × 1）の 1 次元配列に格納されており、正解データはサイズが 2（pos と neg の 2 値）の 1 次元配列に格納されていることが分かります。

リスト 4-29

```
1.  # 画像ピクセルデータを1次元から2次元へ変換
2.  trainX = trainX.reshape([-1, 32, 32, 1])
```

▶▶▶ **2 行目：CNN を使って学習するために、学習（入力）データは 2 次元でなければなりません。reshape 関数を使って、1 次元のデータである配列 trainX を 2 次元のデータへと変換します。**

- 1 番目の引数：サイズが 1024 のデータを 32 × 32 へ変換するので、引数は -1, 32, 32 とします。今回はグレースケール画像が対象なので、カラーチャネルは 1 とします。

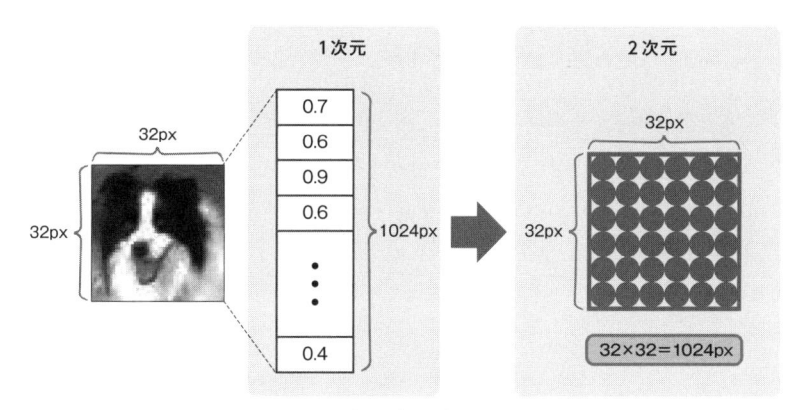

図 4-22-a：1 次元データを 2 次元へ変換

変換した画像 1 枚目のピクセルデータを表示してみましょう。

リスト 4-30

```
1.  # 1枚目の画像ピクセル値を表示
2.  trainX[0]
```

```
[[[ 0.75294119]
 [ 0.95294118]
 [ 0.76862746]
 ...,
 [ 0.07450981]
 [ 0.00392157]
 [ 0.26666668]]

 [[ 0.90980393]
 [ 0.99215686]
 [ 0.95294118]
 ...,
```

図 4-22-b：変換した画像 1 枚目のピクセルデータ

また、サイズも確認してみましょう。

リスト 4-31

```
1.  # 1枚目の画像ピクセル値のサイズを表示
2.  print(len(trainX[0]))
```

　配列 trainX の 1 番目の配列のサイズは 32 です。1 枚目の画像ピクセルデータはサイズ 32 × 32 の 2 次元配列に格納されています。図 4-21-a と図 4-22-b のピクセル値を見比べてみると、値は同じで、構造が変わっただけであることが分かります。

4. ニューラルネットワークの作成

　ここでは、入力層が 32 × 32 ノード、中間層は畳み込み層、プーリング層が 2 層ずつ、全結合層が 1 層、出力層が 2 ノード（pos と neg の 2 種類）から成る CNN を構築し、モデルの分類精度を確かめます。畳み込み層で使用するフィルタのサイズは 5 とし、プーリング層の領域のサイズは 2 とします。また、全結合層のノード数を 128 とします。

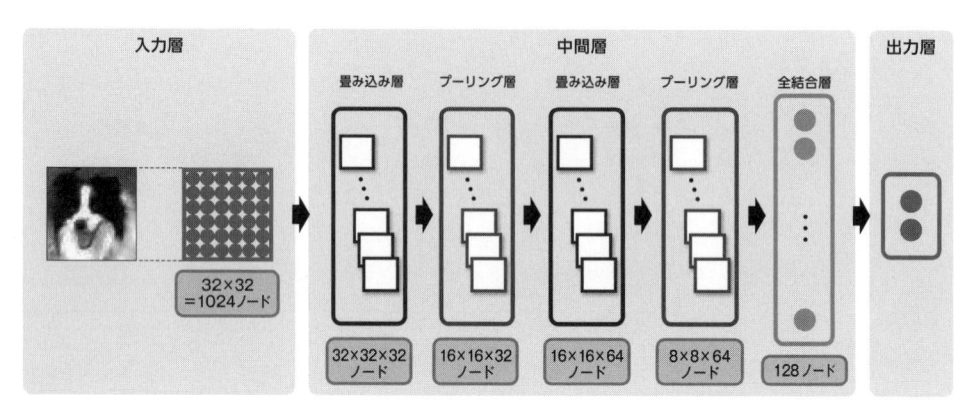

図 4-23：CNN

リスト 4-32

```
1.    ## 3.ニューラルネットワークの作成 ##
2.
3.    ## 初期化
4.    tf.reset_default_graph()
5.
6.    ## 入力層の作成
7.    net = input_data(shape=[None, 32, 32, 1])
8.
9.    ## 中間層の作成
10.   # 畳み込み層の作成
11.   net = conv_2d(net, 32, 5, activation='relu')
12.   # プーリング層の作成
13.   net = max_pool_2d(net, 2)
14.   # 畳み込み層の作成
15.   net = conv_2d(net, 64, 5, activation='relu')
16.   # プーリング層の作成
17.   net = max_pool_2d(net, 2)
18.   # 全結合層の作成
19.   net = fully_connected(net, 128, activation='relu')
20.   net = dropout(net, 0.5)
21.
22.   ## 出力層の作成
23.   net = tflearn.fully_connected(net, 2, activation='softmax')
24.   net = tflearn.regression(net, optimizer='sgd', learning_rate=0.5, loss='categorical_
      crossentropy')
```

▶▶▶ **4 行目：ネットワークを初期化します。**

▶▶▶ **7 行目：input_data 関数を使って入力層を作成します。**

- ● 1 番目の引数：shape には、入力する学習データの形状として、バッチサイズとノード数を設定します。ここでは、None（ここでは指定しない）と、32 × 32（画像 1 枚あたりのピクセル数）、1（グレースケール画像）とします。

▶▶▶ **11 行目：conv_2d 関数を使って、畳み込み層を作成します。**

- ● 1 番目の引数：作成する層の 1 つ前の層（結合の対象となる層）を設定します。ここでは、net にあたります。
- ● 2 番目の引数：畳み込みフィルタ数（出力次元数）を設定します。ここでは、1 番目の畳み込み層では 32 とします。
- ● 3 番目の引数：フィルタのサイズを設定します。ここでは、5 × 5 とします。
- ● 4 番目の引数：使用する活性化関数を設定します。ここでは、relu（ReLU 関数）を使用します。
- ● また、引数として明示的に設定していませんが、ゼロパディングを行ってサイズを保持しています。同様に、フィルタは 1 ずつスライドします。

▶▶▶ **13 行目：max_pool_2d 関数を使って、プーリング層を作成します。**

- ● 1 番目の引数：作成する層の 1 つ前の層を設定します。ここでは、net にあたります。
- ● 2 番目の引数：最大プーリングを行う領域を設定します。ここでは、2 × 2 とします。

▶▶▶ **15 行目：conv_2d 関数を使って、畳み込み層を作成します。**

- ● 1 番目の引数：作成する層の 1 つ前の層（結合の対象となる層）を設定します。ここでは、net にあたります。
- ● 2 番目の引数：畳み込みフィルタ数（出力次元数）を設定します。ここでは、1 つ目の畳み込み層では 64 とします。
- ● 3 番目の引数：フィルタのサイズを設定します。ここでは、5 × 5 とします。
- ● 4 番目の引数：使用する活性化関数を設定します。ここでは、relu（ReLU 関数）を使用します。
- ● また、引数として明示的に設定していませんが、ゼロパディングを行ってサイズを保持しています。同様に、フィルタは 1 ずつスライドします。

▶▶▶ **17 行目：max_pool_2d 関数を使って、プーリング層を作成します。**

- ● 1 番目の引数：作成する層の 1 つ前の層を設定します。ここでは、net にあたります。
- ● 2 番目の引数：最大プーリングを行う領域を設定します。ここでは、2 × 2 とします。

入力層における 32 × 32 × 1 サイズのデータは、1 層目の畳み込み層で 32 × 32 × 32 サイズとなり、1 層目のプーリング層で 16 × 16 × 32 サイズとなり、2 層目の畳み込み層で 16 × 16 × 64 サイズとなり、2 層目のプーリング層で 8 × 8 × 64 サイズとなります。

▶▶▶ 19 行目：fully_connected 関数を使って全結合層を作成します。

- 1 番目の引数：作成する層の 1 つ前の層（結合の対象となる層）を設定します。ここでは、net にあたります。

- 2 番目の引数：作成する層のノード数を設定します。ここでは、128 とします。

- 3 番目の引数：使用する活性化関数を設定します。ここでは、relu（ReLU 関数）とします。

▶▶▶ 20 行目：dropout 関数を使って、作成した層に対しドロップアウトを行います。

- 1 番目の引数：ドロップアウトの対象とする層を設定します。ここでは、net にあたります。

- 2 番目の引数：対象となる層の全ノードのうち何割を残しておくか、その比率を設定します。ここでは、0.5 とします。

▶▶▶ 23 行目：fully_connected 関数を使って、全結合層を作成します。

- 1 番目の引数：作成する層の 1 つ前の層（結合の対象となる層）を設定します。ここでは、net にあたります。

- 2 番目の引数：作成する層のノード数を設定します。ここでは、2 とします（pos と neg の 2 種類あるため）。

- 3 番目の引数：作成する層で使用する活性化関数を設定します。ここでは、softmax（ソフトマックス関数）を使用します。

▶▶▶ 24 行目：regression 関数を使って、学習の条件を設定します。

- 1 番目の引数：学習の対象となる層を設定します。ここでは、これまで作成してきた層である net にあたります。

- 2 番目の引数：最適化の手法を設定します。ここでは、sgd（確率的勾配降下法）を使用します。

- 3 番目の引数：学習係数の減衰係数を設定します。ここでは、0.5 とします。

- 4 番目の引数：誤差関数を設定します。ここでは、categorical_crossentropy（交差エントロピー）を使用します。

5. モデルの生成(学習)

学習データセットを使って、作成した CNN で学習を実行してみましょう。

リスト 4-33

```
1.  ## 4. モデルの作成（学習）  ##
2.  # 学習の実行
3.  model = tflearn.DNN(net)
4.  model.fit(trainX, trainY, n_epoch=20, batch_size=32, validation_set=0.2, show_
    metric=True)
```

▶▶▶ **3 行目：DNN 関数を使って、作成したニューラルネットワークと学習条件をセットします。**

● 1 番目の引数：セットする対象のニューラルネットワークを設定します。ここでは、net に
あたります。

▶▶▶ **4 行目：fit 関数を使って学習を実行し、モデルを作成します。**

● 1 番目の引数：学習データを設定します。ここでは、学習用の画像ピクセルデータを格納し
た配列 trainX です。

● 2 番目の引数：正解データを設定します。ここでは、学習用の画像正解データを格納した配
列 trainY です。

● 3 番目の引数：エポック数（≒学習回数）を設定します。ここでは、20 とします。

● 4 番目の引数：バッチサイズを設定します。ここでは 32 とします。

● 5 番目の引数：モデルの精度を検証するためのテストデータセットを設定します。ここでは、
学習用データセットのうちの 2 割（0.2）とします。

● 6 番目の引数：学習のステップごとに精度を表示するかどうかを設定します。ここでは、
True（表示する）とします。

Jupyter Notebook の実行ボタンをクリックして実行すると、学習の状況が表示されます。
筆者の環境では、学習用データセットを使ってモデルを作成し、検証した精度は 100％です。
100％の精度で画像の pos と neg を分類できます。モデルの精度は個々の実行環境により変動
するため、常に本書と同じ精度になるとは限りません。

```
Training Step: 259  | total loss: 0.03996 | time: 1.547s
| SGD | epoch: 020 | loss: 0.03996 - acc: 0.9884 -- iter: 384/387
Training Step: 260  | total loss: 0.03832 | time: 2.789s
| SGD | epoch: 020 | loss: 0.03832 - acc: 0.9896 | val_loss: 0.00459 - val_acc: 1.0000 -- iter: 387/387
--
```

図 4-24：学習状況の表示

　以上、モデルを作成する方法までを説明しました。この後は 4.2 節と同じ手順です。未知の
データを別途用意しておき、それにモデルを適用して、分類精度を検証することができます。

第4章のまとめ

　本章の前半では、畳み込みニューラルネットワーク（CNN）の仕組みと学習方法を説明しました。CNN では第3章で扱った全結合型のニューラルネットワークと異なり、中間層に畳み込み層とプーリング層を導入します。畳み込み層はフィルタを介してデータの特徴量を抽出し、プーリング層は特徴量を圧縮します。これによって位置のズレを吸収し、見え方の違いによるズレを小さくする役割を果たします。

　本章の中盤では、TFLearn ライブラリを使って CNN を実装し、手書き文字画像 MNIST データセットの分類問題に挑戦しました。学習に使用するデータの整形や CNN の実装、学習の実行を通して、前半の内容に関する理解が深まったことでしょう。

　本章の後半では、Python の画像処理ライブラリ Pillow を使って、JPEG 形式や PNG 形式などの画像ファイルを、ピクセル値と正解データへ変換する方法を説明しました。また、学習に使用する画像枚数が少ない場合の対処法として、画像を加工して枚数を増やす方法についてもとりあげました。これらの処理は、画像処理ソフト OpenCV[2] を使って行うことも可能です。そして、CNN を実装し画像を分類する問題に挑戦しました。これで皆さんは、画像データを使って学習することができるようになりました。

　CNN を使えば、第3章の全結合型ニューラルネットワークを用いたときよりも、高い精度で分類することができました。今後も、画像の分類問題にはまず CNN を用いてみましょう。次章では、再帰型ニューラルネットワーク（Recurrent Neural Network：RNN）の仕組みを理解し、実装してみましょう。

※2　http://opencv.org/

再帰型ニューラル
ネットワークの体験

・・・・・・・・・・・・・・・・・・・・・・・・・・・・

第4章では畳み込みニューラルネットワークの仕組みを理解し、手書き
文字画像MNISTの分類を行いました。また、JPEGやPNGなどの一
般的な形式の画像を、学習データとして扱う方法を学びました。本章で
は、時系列データに適した再帰型ニューラルネットワークを扱います。
この仕組みを理解した後、対話テキストの分類に挑戦してみましょう。
また、再度MNISTの分類を行ってみましょう。

5.1 再帰型ニューラルネットワークの仕組み

　再帰型ニューラルネットワーク（Recurrent Neural Network：RNN）とは、時系列など
の系列データを扱えるニューラルネットワークです。テキストや音声データに強く、第1章で
ディープラーニングの活用例として挙げたGmailのSmart Reply、すなわちメールの返信文の
候補を自動的に生成する機能にも採用されています。それでは早速、RNNの仕組みを見ていき
ましょう。

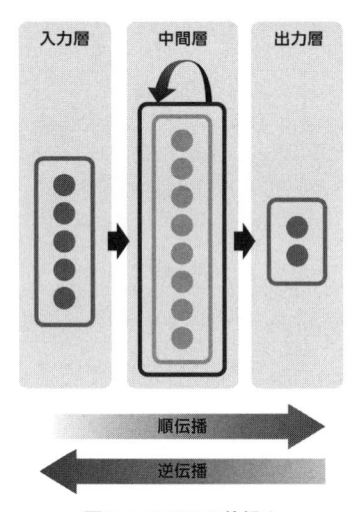

図 5-1：RNN の仕組み

　RNNの入力層は、学習データとして時系列データを受け取ります。出力層は学習の結果を出
力します。そして中間層は、第3章、第4章で説明した働きと異なり、過去の中間層の状態を記
憶して再利用します。RNNにおける学習も、第3章で説明したのと同じく、順伝播と逆伝播を
繰り返して精度を高めていきます。
　図5-1を時間軸に展開し、まずはRNNにおける順伝播を説明します。

5.1.1 　順伝播と逆伝播の仕組み

　順伝播では、入力層は学習データとして時系列データを受け取ります。中間層は、1つ前の時刻の層と、現在の時刻の中間層の各ノードとエッジの重みを掛け算し、それらを足し合わせた結果を活性化関数によって変換し、1つ次の層の各ノードへ渡します。入力層から順に計算した結果が出力層にたどり着くと、出力層は結果を活性化関数によって変換し、学習結果として出力します。

　例えば、図 5-2 の時刻 t-1 における順伝播を考えると、中間層は入力層のデータと時刻 t-2 の中間層のデータを使って、結果を出力します。

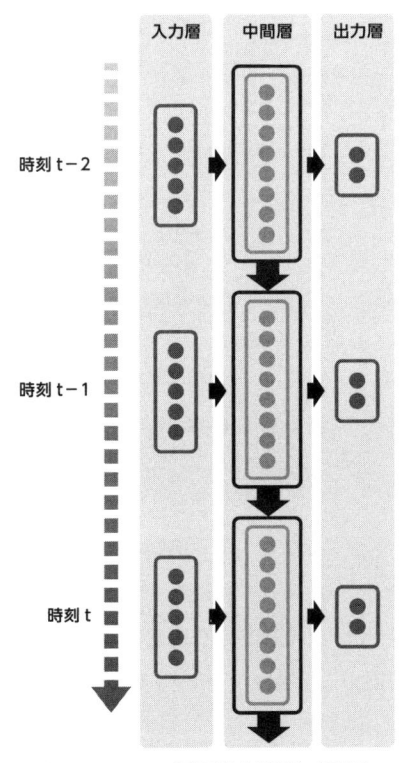

図 5-2：RNN の順伝播（時間軸で展開）

　逆伝播では、出力層で得られた結果と正解データを比較し、誤差関数を用いて誤差を計算します。そして、誤差が最小になるよう、出力層から入力層へ向かって、誤差逆伝播法によりエッジの重みを調整し、学習を行います。RNN における誤差逆伝播法は、第 3 章と第 4 章で説明したものと異なり、時間を遡って誤差が伝播します。このため、「**時間方向誤差逆伝播法（Back Propagation Through Time, BPTT 法）**」と呼ばれます。

例えば、図 5-3 の時刻 t-1 における逆伝播を考えると、中間層には時刻 t の誤差（出力層の計算結果と正解データの差）が伝播されます。

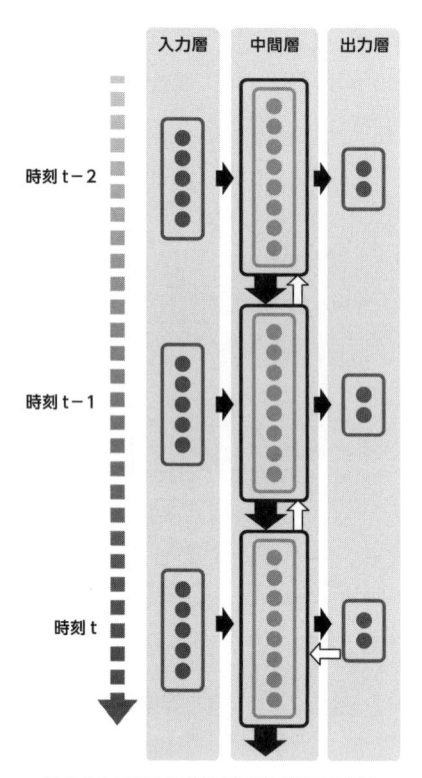

図 5-3：RNN の逆伝播（時間軸で展開）

RNN は過去の中間層の状態をすべて記憶し計算に使用するため、計算量が多くなります。また理論上、ある時間の中間層の状態は、1 つ前の時間の中間層の状態に依存するため、長期的な依存関係を表現でき、ある時点からかなり遡った中間層の状態も学習に使用することができます。ところが実際の計算では、ある時点から直近の中間層の状態を学習に使用してしまう傾向が生じます。この問題を解消する手法の 1 つに、「**長短期記憶（Long Short-Term Memory：LSTM）**」と呼ばれるものがあります。

5.1.2 LSTMの仕組み

LSTM[1] では、RNN の中間層のノードを LSTM（長短期記憶）ブロックに置き換えて、RNN を学習します。

※1　F.A. Gers, J. Schmidhuber, F. Cummins., Learning to forget: Continual prediction with LSTM, Neural computation 12.10
　　（2000）: pp. 2451-2471

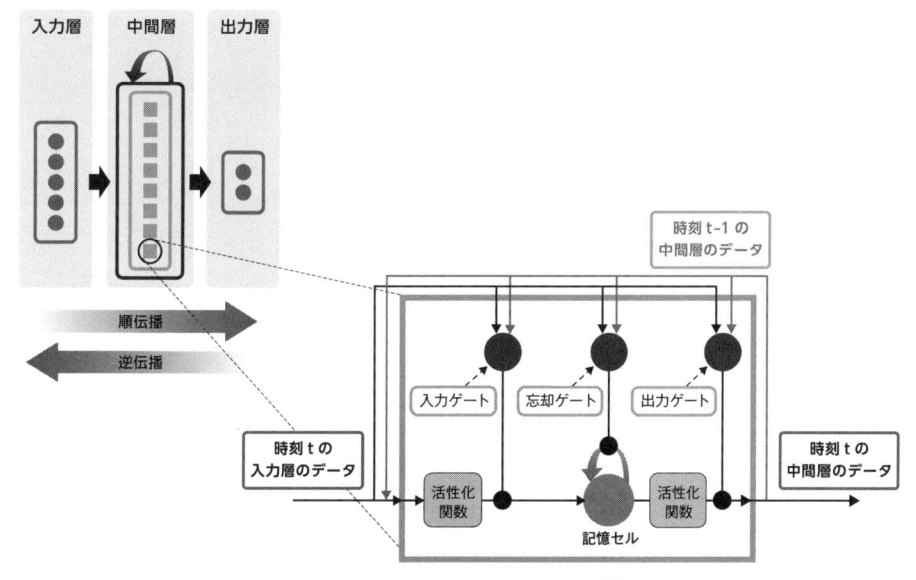

図5-4：LSTM の仕組み（全体像）[※2]

　LSTM ブロックには、入力ゲート、忘却ゲート、出力ゲートと呼ばれる3つのゲートと、記憶セルがあります。入力ゲートと出力ゲートは、データの伝播を制御します。また記憶セルは、忘却ゲートを介してデータの伝播を調整し保持します。この LSTM ブロックの内部でどのような計算を行っているかを確認してみましょう。

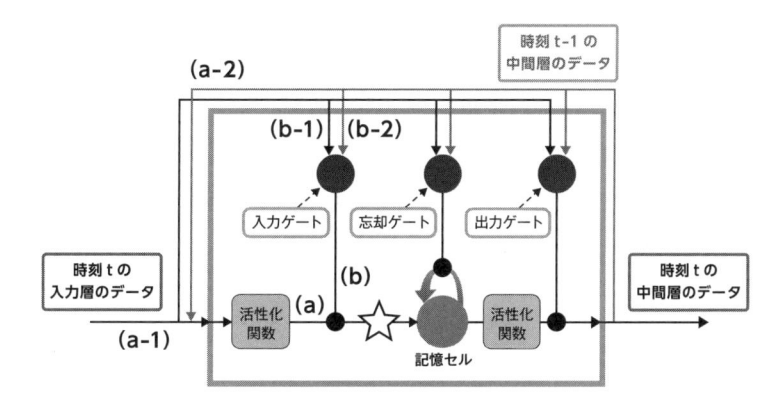

図5-5：LSTM の仕組み（1）

　記憶セルに最初に伝わるデータは、図5-5の星印のついた矢印であり、これは以下の（a）と（b）の積として求められます。

※2　https://micin.jp/feed/developer/articles/lstm00

- **(a-1)**：時刻 t の入力層のデータ

- **(a-2)**：時刻 t の 1 つ前の時刻である (t-1) の中間層のデータ

- **(a)**：(a-1) と (a-2) の和を活性化関数で変換した値

- **(b-1)**：時刻 t の入力層のデータ

- **(b-2)**：時刻 t の 1 つ前の時刻である t-1 の中間層のデータ

- **(b)**：(b-1) と (b-2) の和を入力ゲート内部の活性化関数で変換した値

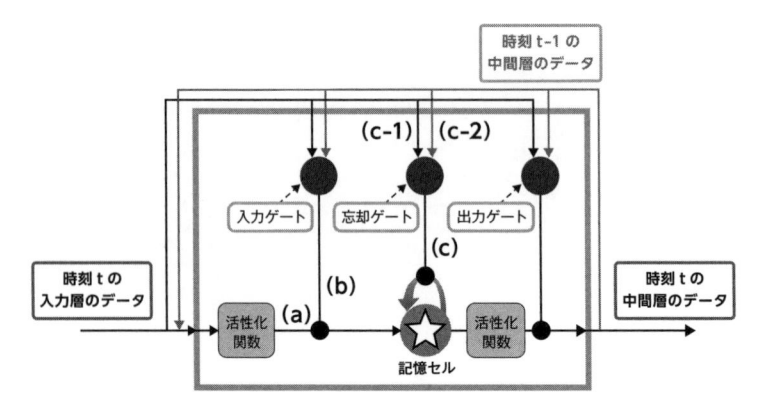

図 5-6：LSTM の仕組み (2)

次に記憶セルに伝わるデータは、以下の 2 つです。

- **(c-1)**：時刻 t の入力層のデータ

- **(c-2)**：時刻 t の 1 つ前の時刻である t-1 の中間層のデータ

- **(c)**：(c-1) と (c-2) の和を忘却ゲート内部の活性化関数で変換した値

その後、記憶セルでは、(a) と (b) の積と、(c) と時刻 t の 1 つ前の時刻である t-1 の記憶セルの値の積の和を取ります。

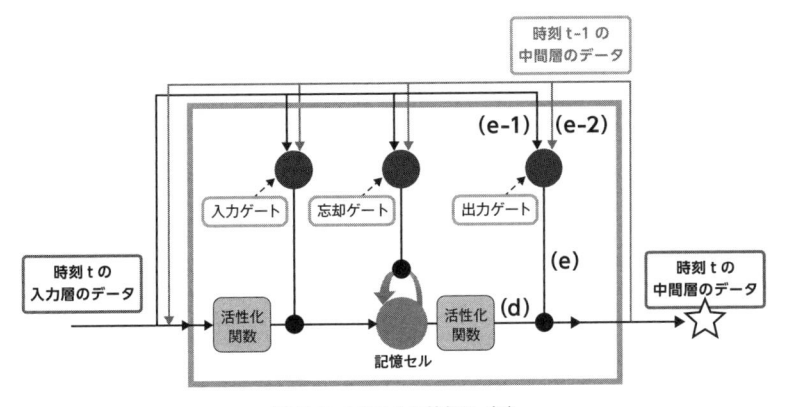

図 5-7：LSTM の仕組み（3）

最後に、(d) と (e) の積を求めて、出力します。

・**(d)**：記憶セルから出力したデータを、活性化関数で変換した値

・**(e-1)**：時刻 t の入力層のデータ

・**(e-2)**：時刻 t の 1 つ前の時刻である t-1 の中間層のデータ

・**(e)**：(e-1) と (e-2) の和を出力ゲート内部の活性化関数で変換した値

以上が LSTM ブロックの内部処理です。伝播するデータを制御し、保持するデータを調整するこの処理は、人間が過去の出来事をすべて記憶するのではなく、自分にとって重要な出来事だけを選択して記憶しておき、思い出すのに似ています。

　人間とシステムの二者間の対話内容を保存した「雑談対話コーパス」というデータセットがあります。それを対象に、5.1 節で説明した RNN（および LSTM）を実装して、対話テキストを分類してみましょう。特に、人間が発するどのような質問に対して、システムが適切に回答できるか、それを分類することに焦点を当てます。

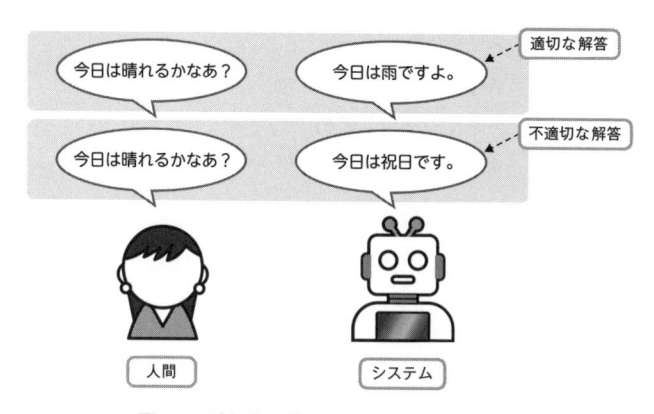

図 5-8：適切な回答と不適切な回答のイメージ

5.2.1 　雑談対話コーパス

　雑談対話コーパスでは、人間とシステムの間で交わされた対話テキストに、「その対話が破綻しているかどうか」の正解データが付与されています。雑談対話コーパスの Web サイト[※3]を開き、雑談対話コーパス **projectnextnlp-chat-dialogue-corpus.zip** をダウンロードしましょう。

※ 3　　https://sites.google.com/site/dialoguebreakdowndetection/chat-dialogue-corpus

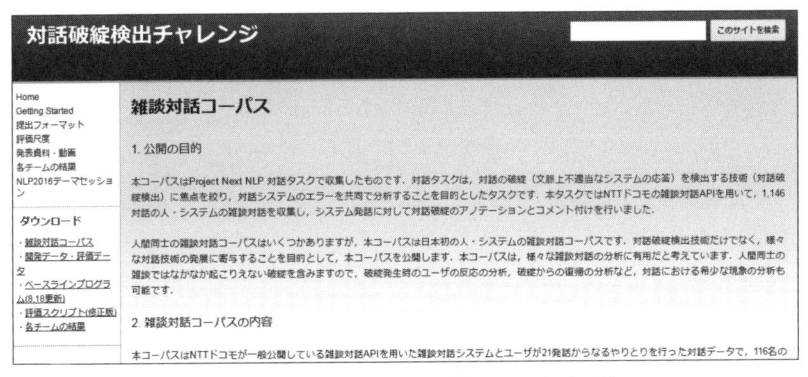

図 5-9：雑談対話コーパスのダウンロードページ

解凍して、Python 環境下の data ディレクトリの中へ配置します。

図 5-10：雑談対話コーパスの格納ディレクトリ（1）

コーパスは json ディレクトリの中で、init100 と rest1046 ディレクトリに分けて格納されています。init100 ディレクトリの中には 100 本、rest1046 ディレクトリの中には 1046 本の対話のデータが格納されています。

ここでは、**rest1046** ディレクトリに格納されたコーパスを使用します。

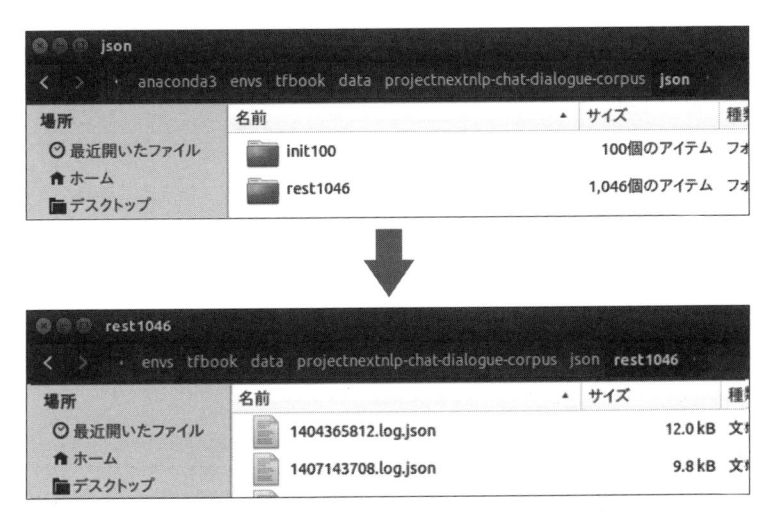

図 5-11：雑談対話コーパスの格納ディレクトリ（2）

コーパスは JSON 形式で提供され、大きく分けて人間の発話（質問）データとシステムの発話（回答）データから構成されます。各発話データは、日本語のテキストで表現されています。また、システムの発話データ内には正解データとして、人間の質問に対するシステムの回答が破綻しているかどうかのフラグが格納されています。フラグには、O（破綻ではない発話）、T（破綻とは言い切れないが、違和感のある発話）、X（明らかにおかしいと感じる発話）の3種類あります。1ファイルが1回の対話のデータです。

```json
{
    "annotations": [],
    "speaker": "U",
    "time": "2014-08-05 12:24:39",
    "turn-index": 19,
    "utterance": " まあ，それはそんなところで. 気温はどうなるかな "
},
```
人間の発話

```json
{
    "annotations": [
        {
            "annotator-id": "01_A",
            "breakdown": "X",
            "comment": " 前の質問に答えられておらず、日本語がおかしい ",
            "ungrammatical-sentence": "O"
        },
        {
            "annotator-id": "02_B",
            "breakdown": "X",
            "comment": " 意味的におかしい発話 ",
            "ungrammatical-sentence": "O"
        }
    ],
```
破綻フラグ

```json
    "speaker": "S",
    "time": "2014-08-05 12:24:39",
    "turn-index": 20,
    "utterance": " 気温は多いらしい "
}
```
システムの発話

図 5-12：雑談対話コーパス（対話の一部）

　コーパスが JSON 形式のままでは、学習（入力）データとして扱えません。そのため、この中から人間とシステムの発話テキストと、正解データである破綻フラグの2種類のデータを抽出します。第4章のときと同じく Python 環境を有効化し、Jupyter Notebook を使って実装していきましょう。

os、sys、json ライブラリを読み込みます。json ライブラリには、JSON 形式のデータの処理に必要な関数が用意されています。

リスト 5-1

```
1.  ## ライブラリの読み込み
2.  import os
3.  import sys
4.
5.  # json形式のデータを扱うライブラリ
6.  import json
```

rest1046 ディレクトリに格納されたコーパスが対象なので、ディレクトリのパスを指定します。

リスト 5-2

```
1.  ## テキストデータの準備
2.  # 1046対話のディレクトリを指定
3.  file_path = './data/projectnextnlp-chat-dialogue-corpus/json/rest1046/'
4.  file_dir = os.listdir(file_path)
```

パスを指定できたか確認しましょう。結果画面をスクロールすると、rest1046 ディレクトリの中のすべてのファイルが表示されます。

リスト 5-3

```
1.  # 1046対話のディレクトリの中を表示
2.  file_dir
```

```
In [3]:  # 1046対話のディレクトリの中を表示
         file_dir

Out[3]:  ['1407214635.log.json',
          '1408584303.log.json',
          '1408691355.log.json',
          '1409038744.log.json',
          '1408337809.log.json',
          '1407300245.log.json',
          '1408078154.log.json',
          '1409300494.log.json',
          '1408003096.log.json',
          '1408004213.log.json',
          '1408016716.log.json',
          '1407214490.log.json',
```

図 5-13：rest1046 ディレクトリ内のファイル

rest1046 ディレクトリ内の JSON ファイルごとに、人間の発話テキストと破綻フラグを抽出します。リスト内の強調箇所が、json ライブラリによる処理です。

リスト 5-4

```
1.   # 正解データとテキストデータの格納先
2.   label_text = []
3.
4.   # 対象ディレクトリの対話データの整形
5.   for file in file_dir:
6.       # JSONファイルの読み込み
7.       r = open(file_path + file, 'r', encoding='utf-8')
8.       json_data = json.load(r)
9.
10.      # 発話データ配列から発話テキストと破綻かどうかの正解データを抽出
11.      for turn in json_data['turns']:
12.          turn_index = turn['turn-index']
13.          speaker = turn['speaker']
14.          utterance = turn['utterance']
15.
16.          # 先頭行はシステムの発話なので除外
17.          if turn_index != 0:
18.              # 人間の発話（質問）内容のテキストを抽出
19.              if speaker == 'U':
20.                  u_text = ''
21.                  u_text = utterance
22.              # システムの回答内容が破綻かどうかを抽出
23.              else:
24.                  a = ''
25.                  for annotate in turn['annotations']:
26.                      a = annotate['breakdown']
27.                      # 0は回答が適切であるとし0で置換
28.                      if a == '0':
29.                          a = 0
30.                      # 0以外は回答が不適切であるとし1で置換
31.                      else:
32.                          a = 1
33.
34.                      tmp1 = str(a) + '¥t' + u_text
35.                      tmp2 = tmp1.split('¥t')
36.                      # 正解データとテキストデータを格納
37.                      label_text.append(tmp2)
```

▶▶▶ **12～14 行目：発話 ID、話者（U：人間、S：システム）、発話テキストを抽出します。**

▶▶▶ **19～21 行目：抽出した発話テキストのうち、話者が人間のものを選択します。**

▶▶▶ **26 行目：システムの回答が適切か不適切かのフラグ（以下、回答フラグと示す）を抽出します。**

▶▶▶ 37 行目：割り当て後の回答フラグと人間の発話テキストを、ペアで配列へ格納します。

　作成したデータセットの中身を確認してみましょう。結果画面をスクロールすると、すべての
データセットを確認できます。併せて、データのサイズも確認しておきます。

リスト 5-5

```
1. # 正解データとテキストデータの中身を確認
2. label_text
```

リスト 5-6

```
1. # すべての正解データとテキストデータのサイズを確認
2. len(label_text)
```

```
In [5]:  # 正解データとテキストデータの中身を確認
         label_text
         ['0', '疲れはするけどね'],
         ['1', 'でもなかなか続かないんですよ'],
         ['0', 'でもなかなか続かないんですよ'],
         ['0', 'でもなかなか続かないんですよ'],
         ['1', '行くとすると夜からですね'],
         ['0', '行くとすると夜からですね'],
         ['1', '行くとすると夜からですね'],
         ['1', '今から行くんですか？'],
         ['0', '今から行くんですか？'],
         ['1', '今から行くんですか？'],
         ['1', '時間があればいつでもできるところがいいですね'],
         ['1', '時間があればいつでもできるところがいいですね'],
         ['1', '時間があればいつでもできるところがいいですね'],
         ['0', '暇なときはおしゃべりもいいですね'],
         ['0', '暇なときはおしゃべりもいいですね'],
         ['0', '心の問題ですか'],
         ['0', '心の問題ですか'],
         ['1', '人と話すのは気分が変わります'],
         ['1', '人と話すのは気分が変わります'],
         ['1', '変わらないときもあるでしょう'],

In [6]:  # 全ての正解データとテキストデータのサイズを確認
         len(label_text)

Out[6]: 22920
```

図 5-14：作成したデータセット

　22920 セットのテキストと正解データを、学習データとして使用します。

5.2.3 分かち書きと形態素解析ツール MeCab

　RNN（LSTM）で学習するにあたり、入力データは数値でなければなりません。しかし、作成したデータは複数の単語から成るテキストであるため、何とかして数値へ変換しなければなりません。このような場合は、テキストに含まれる単語と単語の間を、半角スペースで区切って**分かち書き**した後、それぞれの単語に数値の ID を付与します。

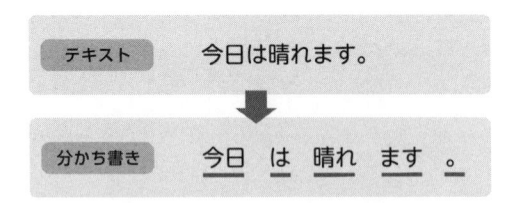

図 5-15：テキストを分かち書き

　テキストの分かち書きには、**形態素解析**ソフトを使用します。形態素解析とは、文法ルールや辞書データに基づいてテキストを単語に分割し、それぞれに品詞を付与する処理を指します。「形態素」とは、その言語において意味のある最小単位です。

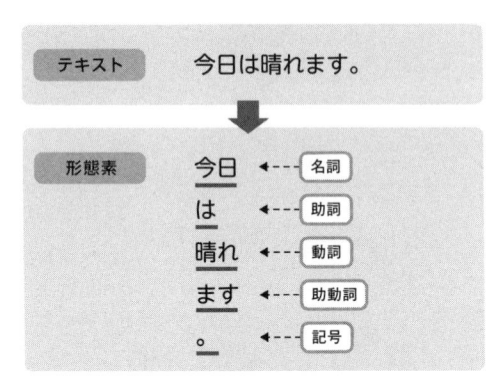

図 5-16：形態素解析のイメージ

　形態素解析ソフトには、Chasen、JUMAN、MeCab[4] などがあります。ソフトの違いは、文法ルールや辞書が異なることです。ここでは、処理が速い MeCab を使用します。

　形態素解析ソフト **MeCab 0.996** をインストールするために、先に必要なライブラリをインストールします。Python 環境を有効化して、次のコマンドを入力しましょう。

※ 4 　http://taku910.github.io/mecab/

リスト 5-7

```
$ sudo apt-get install libmecab-dev [Enter]
```

パスワードの入力を求められたら、第 2 章で設定したものを入力します。**続行しますか？ [Y/n]** と問われるので、肯定の y [Enter] を入力し実行しましょう。

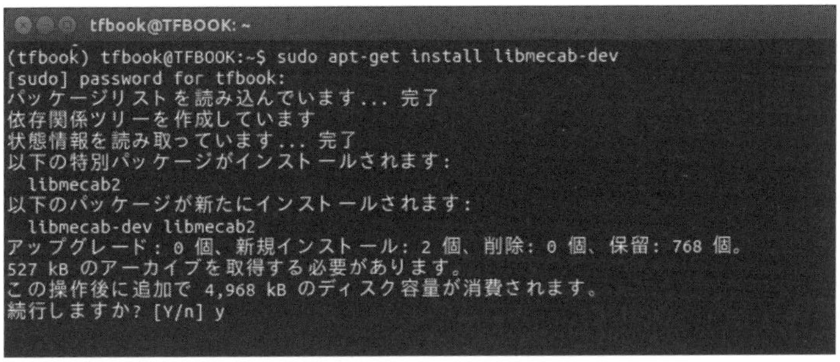

図 5-17：MeCab のインストール（1）

端末にカーソルが戻ればインストール完了です。

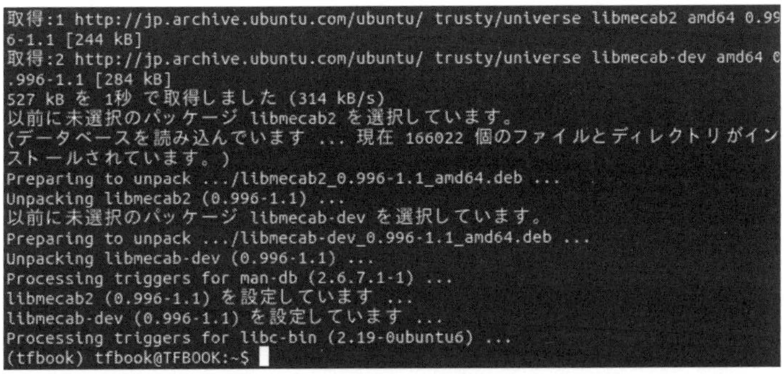

図 5-18：MeCab のインストール（2）

リスト 5-8

```
$ sudo apt-get install mecab mecab-ipadic-utf8 [Enter]
```

続行しますか？ [Y/n] と問われたら、肯定の y を入力し実行しましょう。

```
(tfbook) tfbook@TFBOOK:~$ sudo apt-get install mecab mecab-ipadic-utf8
パッケージリストを読み込んでいます... 完了
依存関係ツリーを作成しています
状態情報を読み取っています... 完了
以下の特別パッケージがインストールされます:
  mecab-ipadic mecab-jumandic mecab-utils
以下のパッケージが新たにインストールされます:
  mecab mecab-ipadic mecab-ipadic-utf8 mecab-jumandic mecab-utils
アップグレード: 0 個、新規インストール: 5 個、削除: 0 個、保留: 768 個。
25.2 MB のアーカイブを取得する必要があります。
この操作後に追加で 134 MB のディスク容量が消費されます。
続行しますか? [Y/n] y
```

図 5-19：MeCab のインストール (3)

端末にカーソルが戻ればインストール完了です。

```
reading /usr/share/mecab/dic/ipadic/Prefix.csv ... 221
reading /usr/share/mecab/dic/ipadic/Conjunction.csv ... 171
reading /usr/share/mecab/dic/ipadic/Noun.verbal.csv ... 12146
reading /usr/share/mecab/dic/ipadic/Filler.csv ... 19
reading /usr/share/mecab/dic/ipadic/Adnominal.csv ... 135
reading /usr/share/mecab/dic/ipadic/Auxil.csv ... 199
emitting double-array: 100% |###################################|
reading /usr/share/mecab/dic/ipadic/matrix.def ... 1316x1316
emitting matrix      : 100% |###################################|

done!
update-alternatives: /var/lib/mecab/dic/debian (mecab-dictionary) を提供するため
に 自動モード で /var/lib/mecab/dic/ipadic-utf8 を使います
(tfbook) tfbook@TFBOOK:~$
```

図 5-20：MeCab のインストール (4)

MeCab を起動し、形態素解析を試してみましょう。端末に **mecab** と入力し実行します。

リスト 5-9

```
$ mecab [Enter]
```

```
(tfbook) tfbook@TFBOOK:~$ mecab
今日は晴れです。
今日    名詞,副詞可能,*,*,*,*,今日,キョウ,キョー
は      助詞,係助詞,*,*,*,*,は,ハ,ワ
晴れ    名詞,一般,*,*,*,*,晴れ,ハレ,ハレ
です    助動詞,*,*,*,特殊・デス,基本形,です,デス,デス
        記号,句点,*,*,*,*,。,。,。
EOS
```

図 5-21：Mecab の実行

　例えば、「今日は晴れです。」とテキストを入力し [Enter] キーを押して実行すると、各単語（形態素）とその付属情報（品詞や読みなど）が表示されます。実行できたら、[Ctrl+c] キーで MeCab を終了しましょう。

　続けて MeCab を Python のコード内で使えるように、MeCab の Python ライブラリ **mecab-python3-0.7** をインストールします。先に必要なライブラリをインストールしましょう。

リスト 5-10

```
$ sudo apt-get install build-essential [Enter]
```

続行しますか? [Y/n] と問われたら、肯定の y を入力し実行しましょう。

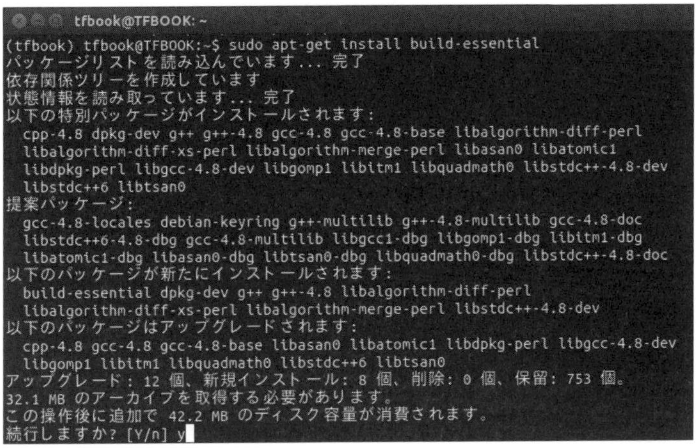

図 5-22：mecab-python3 のインストール (1)

端末にカーソルが戻ればインストール完了です。

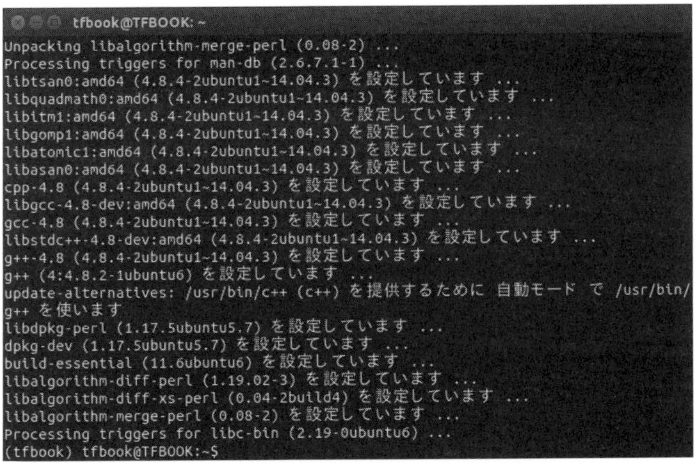

図 5-23：mecab-python3 のインストール (2)

リスト 5-11

```
$ sudo apt-get install g++ [Enter]
```

最新版がインストールされていれば更新されません。

```
(tfbook) tfbook@TFBOOK:~$ sudo apt-get install g++
パッケージリストを読み込んでいます... 完了
依存関係ツリーを作成しています
状態情報を読み取っています... 完了
g++ は既に最新バージョンです。
g++ は手動でインストールしたと設定されました。
アップグレード: 0 個、新規インストール: 0 個、削除: 0 個、保留: 753 個。
(tfbook) tfbook@TFBOOK:~$
```

図 5-24：mecab-python3 のインストール (3)

リスト 5-12

```
$ pip install mecab-python3 [Enter]
```

```
(tfbook) tfbook@TFBOOK:~$ pip install mecab-python3
Collecting mecab-python3
  Downloading mecab-python3-0.7.tar.gz (41kB)
    100% |                                | 51kB 537kB/s
Building wheels for collected packages: mecab-python3
  Running setup.py bdist_wheel for mecab-python3 ... done
  Stored in directory: /home/tfbook/.cache/pip/wheels/6f/0e/eb/962d0d0c1ed7e2e03
b9ff2ed186ab3034053b0e970cd04005c
Successfully built mecab-python3
Installing collected packages: mecab-python3
Successfully installed mecab-python3-0.7
```

図 5-25：mecab-python3 のインストール (4)

　Python を対話モードで起動し、MeCab ライブラリをインポートできれば、インストールは成功しています。

リスト 5-13

```
$ python [Enter]
>>> import MeCab [Enter]
>>> exit() [Enter]
```

```
(tfbook) tfbook@TFBOOK:~$ python
Python 3.6.0 |Anaconda 4.3.1 (64-bit)| (default, Dec 23 2016, 12:22:00)
[GCC 4.4.7 20120313 (Red Hat 4.4.7-1)] on linux
Type "help", "copyright", "credits" or "license" for more information.
>>> import MeCab
>>> exit()
(tfbook) tfbook@TFBOOK:~$
```

図 5-26：mecab-python3 の読み込み確認

以上で、MeCab を使用する準備が整いました。

単語の数値化

　ここからは、MeCab を使ってテキストを分かち書きにし、単語に ID を付与して数値化します。
そのために必要なライブラリを読み込みます。

リスト 5-14

```
1.  # 形態素解析ソフトMeCabを扱うライブラリ
2.  import MeCab
3.
4.  # ループ処理のためのライブラリ
5.  import itertools
6.  # カウント処理のためのライブラリ
7.  from collections import Counter
```

　テキストを分かち書きにし、配列へ格納します。リスト内の強調箇所は、MeCab ライブラリ
による処理です。

リスト 5-15

```
1.  ## テキストデータの処理
2.  # 分かち書きの準備
3.  t = MeCab.Tagger('-Owakati')
4.  wakati = []
5.
6.  for row1 in label_text:
7.      # テキスト（配列[1]）を分かち書きし配列へ格納
8.      word = t.parse(row1[1]).split(' ')
9.      word.pop()
10.     wakati.append(word)
11.
12.     while wakati.count('') > 0:
13.         wakati.remove('')
```

▶▶▶ **3 行目：分かち書きの処理を定義します。**

▶▶▶ **6 行目〜13 行目：配列 label_text を 1 行ずつ読み込み、以下の処理を行います。**

▶▶▶ **8 行目：テキスト要素である label_text[1] は、一時的な配列 row1[1] へ格納されています。**
そのため、配列 row1[1] を分かち書きして、新たな配列 word へ格納します。

▶▶▶ **9 行目：配列 word の末尾の要素（空白）を削除します。**

▶▶▶ **10 行目：配列 word を、配列 wakati へ追加します。**

▶▶▶ **12〜13 行目：配列 wakati に空白があれば削除します。**

分かち書きした結果を格納した配列 wakati の中を確認してみましょう。

リスト 5-16

```
1.  # 分かち書きの中身を確認
2.  wakati
```

```
In [9]:  # 分かち書きの中身を確認
         wakati

Out[9]:  [['パソコン', '，', '，', 'どんな', 'の', 'が', 'いい', 'か', 'な'],
          ['パソコン', '，', '，', 'どんな', 'の', 'が', 'いい', 'か', 'な'],
          ['パソコン', '，', '，', 'どんな', 'の', 'が', 'いい', 'か', 'な'],
          ['自分', 'は', 'Mac', 'は', '使っ', 'た', 'こと', 'ほとんど', 'ない', 'です'],
          ['自分', 'は', 'Mac', 'は', '使っ', 'た', 'こと', 'ほとんど', 'ない', 'です'],
          ['自分', 'は', 'Mac', 'は', '使っ', 'た', 'こと', 'ほとんど', 'ない', 'です'],
          ['そう', 'な', 'の'],
          ['そう', 'な', 'の'],
          ['そう', 'な', 'の'],
          ['Linux', 'が', 'もっと', '便利', 'に', 'なっ', 'たら', 'いい', 'のに'],
          ['Linux', 'が', 'もっと', '便利', 'に', 'なっ', 'たら', 'いい', 'のに'],
          ['Linux', 'が', 'もっと', '便利', 'に', 'なっ', 'たら', 'いい', 'のに'],
          ['そう', 'でも', 'ない', 'です', 'よ'],
          ['そう', 'でも', 'ない', 'です', 'よ'],
          ['そう', 'でも', 'ない', 'です', 'よ'],
          ['Windows', 'か', 'なあ', '．', 'Office', 'が', 'ある', 'し'],
          ['Windows', 'か', 'なあ', '．', 'Office', 'が', 'ある', 'し'],
          ['Windows', 'か', 'なあ', '．', 'Office', 'が', 'ある', 'し'],
          ['まあ', 'しょうが', 'ない', 'ね'],
          ['まあ', 'しょうが', 'ない', 'ね']
```

図 5-27：分かち書きの結果の一部を確認

　分かち書きの結果を使って、単語に ID を付与するための変換リスト（辞書）を作成します。ここでは、単語の出現数が多い順に連番を付与することにします。まず、単語の出現数をカウントしましょう。

リスト 5-17

```
1.  # 出現単語とその頻度をカウント
2.  word_freq = Counter(itertools.chain(* wakati))
```

▶▶▶ **2 行目：配列 wakati の要素をすべて結合し、キー（単語）をカウントした結果を配列 word_freq へ格納します。**

　単語の出現数を格納した配列 word_freq を確認してみましょう。

リスト 5-18

```
1.  # カウント結果を確認
2.  word_freq
```

```
In [11]:   # カウント結果を確認
           word_freq

Out[11]:   Counter({'パソコン': 14,
                     ', ': 570,
                     'どんな': 334,
                     'の': 4184,
                     'が': 4277,
                     'いい': 1245,
                     'か': 5604,
                     'な': 2099,
                     '自分': 71,
                     'は': 6530,
                     'Mac': 3,
                     '使っ': 59,
                     'た': 2379,
                     'こと': 865,
```

図 5-28：単語の出現数を確認

　次に、単語を出現数降順に並び替え、単語のみ抽出しましょう。そして、結果も確認してみましょう。

リスト 5-19

```
1.   # 単語の頻度降順に並べ替え
2.   dic = []
3.   for word_uniq in word_freq.most_common():
4.       dic.append(word_uniq[0])
```

▶▶▶ **3〜4 行目：単語（キー）の出現数の大きい順に、単語のみを抽出して配列 dic へ格納します。**

リスト 5-20

```
1.   # 並べ替えた単語を表示
2.   dic
```

```
In [13]:   # 並べ替えた単語を表示
           dic

Out[13]:   ['です',
            '。',
            'は',
            'ね',
            'か',
            '?',
            'が',
            'の',
            'ます',
            'よ',
            'て',
```

図 5-29：単語を出現数降順にソートした結果を確認

　最後に、並び替えた単語の上から順に、ID を 1 から連番で付与し、辞書を作成します。そして、辞書の中身とサイズを確認してみましょう。

リスト 5-21

```
1.  # 単語にIDを付与し辞書を作成
2.  dic_inv = {}
3.  for i, word_uniq in enumerate(dic, start=1):
4.    dic_inv.update({word_uniq: i})
```

▶▶▶ **3〜4 行目：1 から連番のインデックス付きで配列 dic を読み込み、その結果を新たな配列 dic_inv へ格納します。**

リスト 5-22

```
1.  # 辞書の中身を表示
2.  dic_inv
```

リスト 5-23

```
1.  # 辞書のサイズを表示
2.  len(dic_inv)
```

```
In [15]:  # 辞書の中身を表示
          dic_inv

Out[15]:  {'です': 1,
           '。': 2,
           'は': 3,
           'ね': 4,
           'か': 5,
           '?': 6,
           'が': 7,
           'の': 8,
           'ます': 9,
           'よ': 10,
           'て': 11,
           'に': 12,
           'ん': 13,
           'ない': 14,
           'た': 15,
           '、': 16,
           'を': 17,
           'も': 18,
           'な': 19,

In [16]:  # 辞書のサイズを表示
          len(dic_inv)

Out[16]:  5444
```

図 5-30：辞書の中身とサイズを確認

　辞書のサイズは単語の種類の数です。つまり、5444 種類の単語が存在します。

　作成した辞書を使って、テキストに含まれる単語を ID へ変換し、新たな配列 trainX へ格納します。また、正解データである回答フラグも、新たな配列 trainY へ格納します。

```
1.   # テキストの単語をIDへ変換し配列へ格納
2.   trainX = [ [ dic_inv[word] for word in waka ] for waka in wakati ]
3.
4.   # 正解データを配列へ格納
5.   trainY = [ int(row2[0]) for row2 in label_text ]
```

▶▶▶ **2 行目：配列 dic_inv の ID と単語データを使って、配列 wakati の単語を ID へ変換し、配列 trainX へ格納します。**

▶▶▶ **5 行目：配列 label_text の正解データが格納された label_text[0] を抽出し、配列 trainY へ格納します。**

配列 trainX と trainY の中を確認してみましょう。

リスト 5-25

```
1.   # 変換した単語データ配列を表示
2.   trainX
```

リスト 5-26

```
1.   # 正解データ配列を表示
2.   trainY
```

```
In [21]:   # 変換した単語データ配列を表示
           trainX

Out[21]:   [[827, 42, 68, 8, 7, 27, 5, 19],
            [827, 42, 68, 8, 7, 27, 5, 19],
            [827, 42, 68, 8, 7, 27, 5, 19],
            [223, 3, 2729, 3, 271, 15, 31, 664, 14, 1],
            [223, 3, 2729, 3, 271, 15, 31, 664, 14, 1],
            [223, 3, 2729, 3, 271, 15, 31, 664, 14, 1],
            [24, 19, 8],
            [24, 19, 8],
            [24, 19, 8],
            [2730, 7, 398, 213, 12, 86, 85, 27, 438],
            [2730, 7, 398, 213, 12, 86, 85, 27, 438],
            [2730, 7, 398, 213, 12, 86, 85, 27, 438],
```

```
In [22]:   # 正解データ配列を表示
           trainY

Out[22]:   [0,
            0,
            0,
            1,
            0,
            0,
            0,
            0,
            0,
            0,
            0,
            0,
```

図 5-31：配列 trainX と trainY の中を確認

これで学習データの準備ができました。それでは、この学習データを使って RNN (LSTM) を実装していきましょう。

5.2.5 ライブラリの読み込み

TensorFlow ライブラリと TFLearn ライブラリを読み込みます。次のコードをセルに入力しましょう。

リスト 5-27

```
1.  ## 1.ライブラリの読み込み ##
2.
3.  # TensorFlowライブラリ
4.  import tensorflow as tf
5.  # TFLearnライブラリ
6.  import tflearn
7.  # データの前処理を行うライブラリ
8.  from tflearn.data_utils import to_categorical, pad_sequences
```

実行して、エラーメッセージが表示されなければ、読み込み完了です。

5.2.6 データの読み込みと前処理

学習データはすでに、単語が配列 trainX へ格納され、正解データである回答フラグが配列 trainY へ格納されています。RNN の入力層へ入力するデータは固定長でなければならないため、配列 trainX のサイズを揃えます。正解データである trainY は one-hot 形式へ変換します。

リスト 5-28

```
1.  ## 2.データの読み込みと前処理 ##
2.  # 単語データの配列のサイズを揃える
3.  trainX = pad_sequences(trainX, maxlen=32, value=0)
4.
5.  # 正解データをone-hot形式へ変換
6.  trainY = to_categorical(trainY, nb_classes=2)
```

▶▶▶ **3行目：pad_sequences 関数を使って、配列 trainX のサイズを揃えます。**

● 1番目の引数：対象となる学習データを設定します。ここでは、trainX です。

- 2番目の引数：配列のサイズを設定します。ここでは、32（先頭から32単語目まで）とします。

- 3番目の引数：配列のサイズが2番目の引数で指定したサイズに満たない場合に補完する値を設定します。ここでは、0とします。

▶▶▶ 6行目：to_categorical 関数を使って、配列 trainY を one-hot 形式へ変換します。

- 1番目の引数：対象となる学習データを設定します。ここでは、trainY です。

- 2番目の引数：配列のサイズを設定します。ここでは、2とします。適切である（0）と不適切である（1）の2種類があるからです。

整形した配列 trainX と trainY の中身を確認してみましょう。

リスト 5-29

```
1.  # 単語データと正解データの中身を表示
2.  print(trainX)
3.  print(trainY)
```

```
[[827  42  68 ...,   0   0   0]
 [827  42  68 ...,   0   0   0]
 [827  42  68 ...,   0   0   0]
 ...,
 [ 40  28 285 ...,   0   0   0]
 [ 40  28 285 ...,   0   0   0]
 [ 40  28 285 ...,   0   0   0]]
[[ 1.  0.]
 [ 1.  0.]
 [ 1.  0.]
 ...,
 [ 1.  0.]
 [ 0.  1.]
 [ 1.  0.]]
```

図 5-32：整形した trainX と trainY

配列 trainX は、サイズが32に満たない場合は0で補完されます。また、train_label 配列は、配列 [0] が0（適切である）、配列 [1] が1（不適切である）のサイズ2の配列を持ち、正解データが属する方に1を立てています。

5.2.7 ニューラルネットワークの作成

ここでは、入力層が32ノード（テキストあたりの単語数）、中間層が埋め込み層とLSTMブロックの2層、出力層が2ノード（0が適切である、1が不適切である）から成る RNN を構築し

て、モデルの分類精度を確かめます。埋め込み層は 5445 ノードとします。これは、単語の種類数 5444 に trainX を 0 で補完した分を足したものです。補完した 0 も 1 つの単語とみなします。LSTM ブロックは 128 ノードとします。

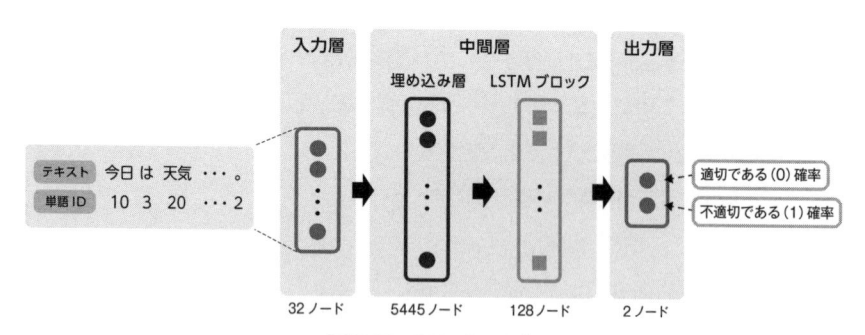

図 5-33：RNN（LSTM）

　ここで、「埋め込み層」について説明します。入力層から伝わる単語は、埋め込み層で**分散表現（埋め込み表現）**へと変換されます。単語の分散表現は、ニューラル言語モデルを学習することにより得られます。

　ニューラル言語モデルは、テキスト中のある単語の次に出現する単語を予測するモデルです。このモデルでは、類似した単語の特徴を数値で表現するために、**変換行列**を作成して学習を行います。この「類似した単語の特徴」とは、例えば、「同じテキスト中に一緒に出現する単語同士は特徴が似ているとみなせる」などが挙げられます。この変換行列が単語の分散表現にあたります。

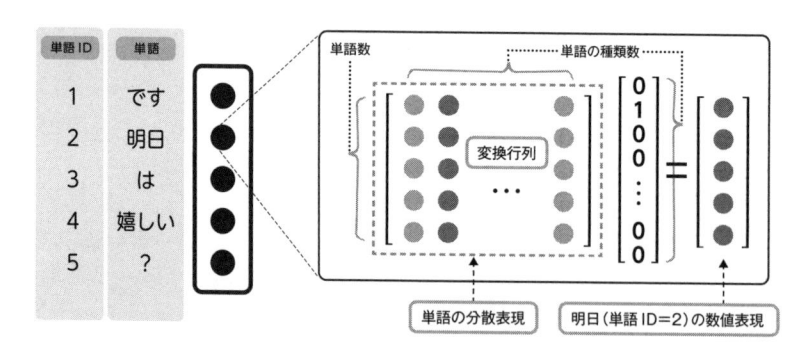

図 5-34：単語の分散表現

　テキストの数値表現には、先ほど紹介した分散表現のほかにも**単語文書行列**や**共起語リスト**と呼ばれるものなどがあります。

　単語文書行列は、各文書に出現する単語の頻度を表した表です。この形式のデータから、例えば教師あり学習の手法（決定木など）を使うことで、文書を分類できます。メールのスパムフィルタなどに活用されている考え方です。また、教師なし学習の手法（k-means 法など）を使えば、内容が類似した文書同士をグループ化できます。

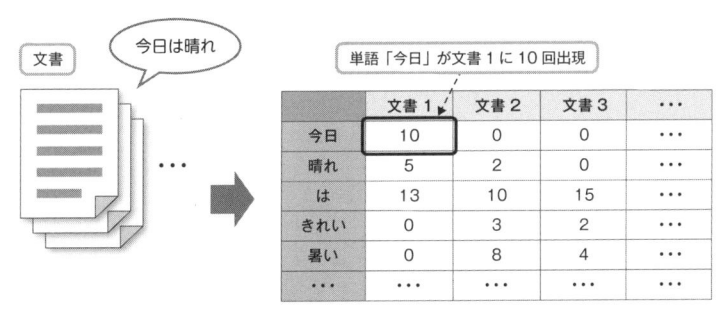

（補足）図 5-35：単語文書行列のイメージ

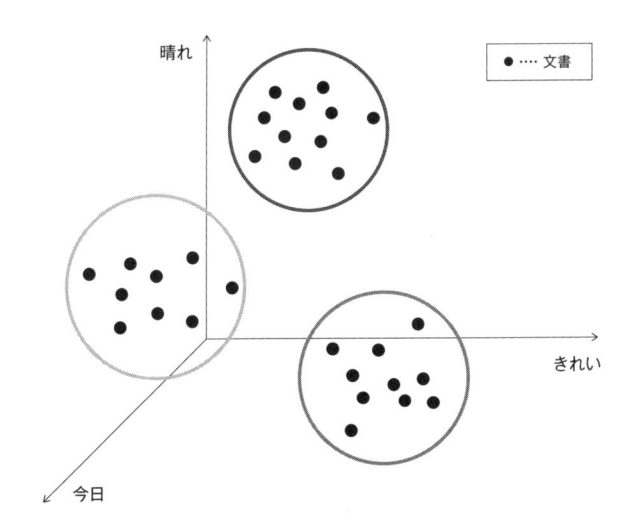

（補足）図 5-36：内容が類似した文書をグループ化

　共起語リストは、同時に出現する単語の組合せと、その組合せの出現頻度を表したリストです。この形式のデータから単語のネットワークを作成し、教師なし学習の手法（コミュニティ抽出など）を使って、話題を抽出することができます。

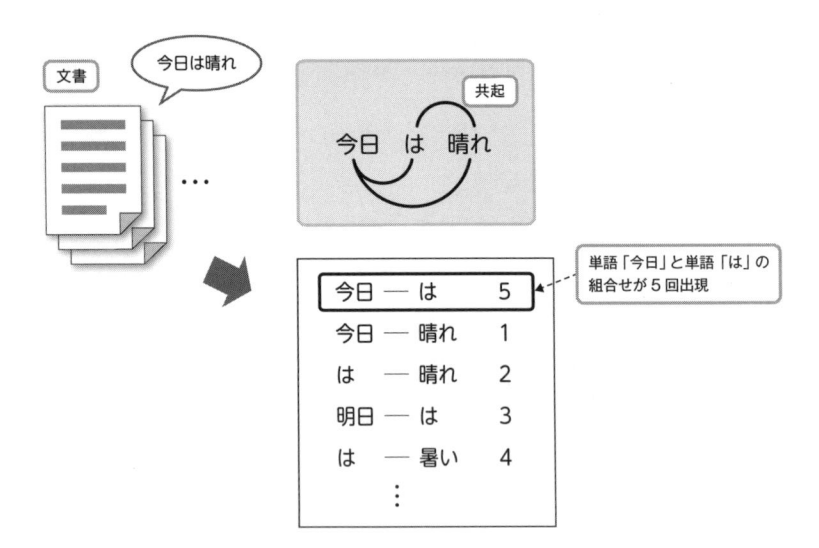

（補足）図 5-37：共起語リストのイメージ

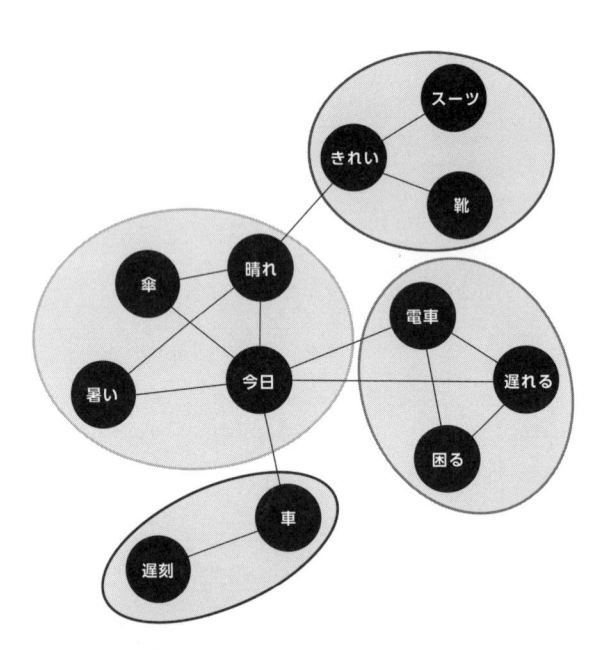

（補足）図 5-38：単語ネットワークから話題を抽出

　このように、テキストから数値への変換には様々な表現方法があり、使用したい学習の手法によって選ばれます。

単語の分散表現について理解できたところで、RNN を作成していきましょう。

リスト 5-30

```
1.   ## 3.ニューラルネットワークの作成 ##
2.
3.   ## 初期化
4.   tf.reset_default_graph()
5.
6.   ## 入力層の作成
7.   net = tflearn.input_data([None, 32])
8.
9.   ## 中間層の作成
10.  # 単語埋め込み層
11.  net = tflearn.embedding(net, input_dim=5445, output_dim=128)
12.
13.  # LSTMブロック
14.  net = tflearn.lstm(net, 128, dropout=0.5)
15.
16.  ## 出力層の作成
17.  net = tflearn.fully_connected(net, 2, activation='softmax')
18.  net = tflearn.regression(net, optimizer='adam', learning_rate=0.001,
     loss='categorical_crossentropy')
```

▶▶▶ **4 行目：ネットワークを初期化します。**

▶▶▶ **7 行目：input_data 関数を使って、入力層を作成します。**

● 1 番目の引数：入力する学習データの形状として、バッチサイズとノード数を設定します。
ここでは、None（ここでは指定しない）と 32（テキストあたりの単語数）とします。

▶▶▶ **11 行目：embedding 関数を使って、埋め込み層を作成します。**

● 1 番目の引数：作成する層の 1 つ前の層（入力層）を設定します。ここでは、net にあたり
ます。

● 2 番目の引数：単語の種類数を設定します。ここでは、辞書の単語種類数に 1（0 で補完の
分）を足した 5445 です。

● 3 番目の引数：出力するノード数を設定します。ここでは、128 とします。

▶▶▶ **14 行目：lstm 関数を使って、LSTM ブロックを作成します。**

● 1 番目の引数：作成する層の 1 つ前の層を設定します。ここでは、net にあたります。

● 2 番目の引数：LSTM のノード数を設定します。ここでは、128 とします。

● 3 番目の引数：ドロップアウトを設定します。ここでは、0.5 とします。

- 1 番目の引数：作成する層の 1 つ前の層（結合の対象となる層）を設定します。ここでは、net にあたります。
- 2 番目の引数：作成する層のノード数を設定します。ここでは、ノード数は正解データ 0 と 1 の 2 個です。
- 3 番目の引数：作成する層で使用する活性化関数を設定します。ここでは、softmax（ソフトマックス関数）を使用します。

▶▶▶ **18 行目：regression 関数を使って、学習の条件を設定します。**

- 1 番目の引数：学習の対象となる層を設定します。ここでは、これまで作成してきた層である net にあたります。
- 2 番目の引数：最適化の手法を設定します。ここでは、adam（Adam）を使用します。Adam も SGD（確率的勾配降下法）と並んでよく使われる最適化手法の 1 つです。
- 3 番目の引数：学習係数を設定します。ここでは、0.001 とします。
- 4 番目の引数：誤差関数を設定します。ここでは、categorical_crossentropy（交差エントロピー）を使用します。

5.2.8 モデルの生成(学習)

学習データセットを使って、作成した RNN（LSTM）に対し学習を実行してみましょう。

リスト 5-31

```
1.  ## 4. モデルの作成（学習）  ##
2.  # 学習の実行
3.  model = tflearn.DNN(net)
4.  model.fit(trainX, trainY, n_epoch=50, batch_size=32, validation_set=0.2,
    shuffle=True, show_metric=True)
```

▶▶▶ **3 行目：DNN 関数を使って、作成した RNN と学習条件をセットします。**

- 1 番目の引数：セットする対象の RNN を設定します。ここでは、net にあたります。

▶▶▶ **4 行目：fit 関数を使って、学習を実行しモデルを作成します。**

- 1 番目の引数：学習データを設定します。ここでは、単語データである trainX です。
- 2 番目の引数：正解データを設定します。ここでは、破綻フラグである trainY です。
- 3 番目の引数：エポック数（≒学習回数）を設定します。ここでは、50 とします。

- 4番目の引数：バッチサイズを設定します。ここでは 32 とします。

- 5番目の引数：モデルの精度を検証するためのテストデータセットを設定します。ここでは、学習用データセットのうちの 2 割 (0.2) をテストデータとして使うことにします。

- 6番目の引数：データをシャッフルするかどうかを設定します。ここでは、シャッフルすることにします (True)。

- 7番目の引数：学習のステップごとに精度を表示するかどうかを設定します。ここでは、True (表示する) とします。

Jupyter Notebook の実行ボタンをクリックして実行すると、学習の状況が表示されます。人間の質問に対するシステムの回答が適切であるか不適切であるかを分類するモデルの精度は、まずは 60%〜70%ほどしか得られません。未知データに対しこの精度のモデルを適用しても、回答が適切であるか不適切であるかを分類することは難しいでしょう。モデルの精度を高めるために、テキストに含まれる単語から句読点や助詞などのストップワードを取り除いたり、ネットワークの中間層の構造やパラメータを変更したりして、試してみてください。

ここでは、RNN をひととおり実装し学習を実行する方法までを説明しました。モデルを十分に学習し精度を高めた後、第 3 章と第 4 章と同じ手順で、分類精度を検証することができます。すなわち、未知のデータを別途用意しておき、それにモデルを適用するわけです。

```
Training Step: 28649  | total loss: 0.33425 | time: 23.652s
| Adam | epoch: 050 | loss: 0.33425 - acc: 0.8029 -- iter: 18304/18336
Training Step: 28650  | total loss: 0.33649 | time: 25.742s
| Adam | epoch: 050 | loss: 0.33649 - acc: 0.8039 | val_loss: 1.40148 - val_acc: 0.6673 -- iter: 18336/18336
--
```

図 5-39：学習状況の表示

第 3 章と第 4 章までのように、一度の実装で高い精度のモデルを作成できる場合もあれば、先ほどのように、一度の実装では低い精度のモデルしか作成できない場合もあります。多くの場合はモデルの精度が低い状態からスタートすると考えてください。

機械学習を使って実装するにしろディープラーニングを使って実装するにしろ、高い精度のモデルを作成できるかどうかの決め手は、データの加工や整形といった「**データの前処理**」にあります。例えば、欠損値の補完、外れ値の除外、不要な属性の削除、ダミーデータの生成などがデータの前処理です。高い精度のモデルを作成するには、個々の学習データに応じたオーダーメイドの前処理が必要です。この処理には、実装全体のうち 6〜7 割を占めるほどの時間をかけます。

また、データの前処理は一度で終わるものではなく、目標とする精度が得られるまで繰り返し行います。

本書のゴールは「とりあえず実装できるようになること」ですので、あえて精度の低いままに留めておきますが、実案件では精度向上が避けられない取り組み課題となります。

以上が RNN（LSTM）を使って対話テキストを分類する方法です。LSTM は学習に時間がかかるため、より速く学習できる GRU（Gated Recurrent Unit）と呼ばれる手法が用いられることもあります。ここでは GRU は扱わず、基本の LSTM を対象としました。

　RNN はテキストや音声などの系列データに効果を発揮しますが、画像に適用することもできます。そこで次節では、第 4 章までと同じく手書き文字画像 MNIST データセットを使って、今度は RNN（LSTM）を実装し、分類問題を解いてみましょう。

手書き文字画像 MNIST の分類

第 3 章では全結合のニューラルネットワークを作成し、第 4 章では CNN を作成して、手書き文字画像の MNIST データセットを使って画像の分類問題を解きました。本節では、画像ピクセルの並びを系列データに見立てることで、RNN（LSTM）を実装し画像を分類してみましょう。これまでと同じく Python 環境を有効化し、Jupyter Notebook を使って実装していきます。

5.3.1　ライブラリの読み込み

TensorFlow ライブラリ、TFLearn ライブラリ、Numpy ライブラリを読み込みます。

リスト 5-32

```
1.    ## 1.ライブラリの読み込み ##
2.
3.    # TensorFlowライブラリ
4.    import tensorflow as tf
5.    # tflearnライブラリ
6.    import tflearn
7.    # mnistデータセットを扱うためのライブラリ
8.    import tflearn.datasets.mnist as mnist
9.
10.   import numpy as np
```

実行してエラーメッセージが表示されなければ、読み込みは完了です。

5.3.2　データの読み込みと前処理

MNIST データセットを読み込み、配列へ格納します。MNIST データセットは、第 3 章で data ディレクトリの下の mnist ディレクトリへダウンロードしておいたものです。

```
1.  ## 2.データの読み込みと前処理 ##
2.  # MNISTデータを./data/mnistへダウンロードし、解凍して各変数へ格納
3.  trainX, trainY, testX, testY = mnist.load_data('./data/mnist/', one_hot=True)
```

▶▶▶ **3 行目：load_data 関数を使って、MNIST データを読み込みます。**

● 1 番目の引数：データの読み込み先を指定します。ここでは、data ディレクトリの下の mnist ディレクトリとします。データがなければ、自動でダウンロードされます。

● 2 番目の引数：正解データを One-hot 形式へ変換するかどうかを指定します。ここでは、True (変換する) とします。

セルの実行結果から、データのダウンロードと解凍が成功していることが分かります。

```
Extracting ./data/mnist/train-images-idx3-ubyte.gz
Extracting ./data/mnist/train-labels-idx1-ubyte.gz
Extracting ./data/mnist/t10k-images-idx3-ubyte.gz
Extracting ./data/mnist/t10k-labels-idx1-ubyte.gz
```

図 5-40：MNIST データの読み込み

これまでと同じく、学習用の画像ピクセルデータを配列 trainX へ格納し、学習用の画像正解データを配列 trainY へ格納します。テスト用の画像ピクセルデータを配列 testX へ、テスト用の画像正解データを配列 testY へ格納します。

しかし今回は、学習用のデータセットである配列 trainX と trainY のみを使用します。学習用データセットのうち 1 割を、テスト用として使用します。

学習用の画像 1 枚目のピクセルデータとそのサイズ、正解データを表示してみましょう。

```
In [3]:    # 1枚目の画像ピクセル値を表示
           trainX[0]
                0.        , 0.        , 0.        , 0.        , 0.        ,
                0.        , 0.        , 0.        , 0.        , 0.        ,
                0.        , 0.        , 0.38039219, 0.37647063, 0.3019608 ,
                0.46274513, 0.2392157 , 0.        , 0.        , 0.        ,
                0.        , 0.        , 0.        , 0.        , 0.        ,
                0.        , 0.        , 0.35294119, 0.5411765 , 0.92156869,
                0.92156869, 0.92156869, 0.92156869, 0.92156869, 0.92156869,
                0.98431379, 0.98431379, 0.97254908, 0.99607849, 0.96078438,
                0.92156869, 0.74509805, 0.08235294, 0.        , 0.        ,
                0.        , 0.        , 0.        , 0.        , 0.54901963,
                0.98431379, 0.99607849, 0.99607849, 0.99607849, 0.99607849,
                0.99607849, 0.99607849, 0.99607849, 0.99607849, 0.99607849,
                0.99607849, 0.99607849, 0.99607849, 0.99607849, 0.99607849,
                0.74117649, 0.09019608, 0.        , 0.        , 0.        ,
                0.        , 0.        , 0.88627458, 0.99607849, 0.81568635,

In [4]:    # 1枚目の画像ピクセル値のサイズを表示
           len(trainX[0])

Out[4]:    784

In [5]:    # 1枚目の画像正解データを表示
           trainY[0]

Out[5]:    array([ 0., 0., 0., 0., 0., 0., 0., 1., 0., 0.])
```

図 5-41：学習用の画像 1 枚目のピクセルデータと正解データ

1 枚目の画像ピクセルデータはサイズ 784 の 1 次元配列に格納されており、正解データから
数字 7 の画像であることが分かります。

リスト 5-34

```
1.    # 画像ピクセルデータを1次元から系列データへ変換
2.    trainX = np.reshape(trainX, (-1, 28, 28))
```

RNN（LSTM）を使って学習するため、reshape 関数を使って、サイズが 784 の 1 次元配列
trainX を、サイズが 28 の 1 次元配列 28 個の系列データへ変換します。このとき、引数は -1,
28, 28 とします。

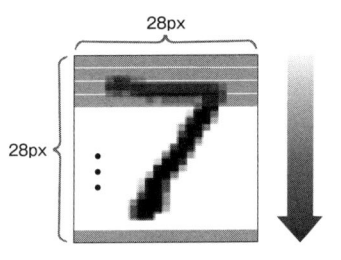

図 5-42：1 次元配列の変換

整形した学習用の画像 1 枚目のピクセルデータと正解データを表示してみましょう。

```
In [7]:  # 1枚目の画像ピクセル値を表示
         trainX[0]

            0.        , 0.        , 0.        ],
          [ 0.        , 0.        , 0.        , 0.        , 0.        ,
            0.        , 0.38039219, 0.37647063, 0.3019608 , 0.46274513,
            0.2392157 , 0.        , 0.        , 0.        , 0.        ,
            0.        , 0.        , 0.        ],
          [ 0.        , 0.        , 0.        , 0.35294119, 0.5411765 ,
            0.92156869, 0.92156869, 0.92156869, 0.92156869, 0.92156869,
            0.92156869, 0.98431379, 0.98431379, 0.97254908, 0.99607849,
            0.96078438, 0.92156869, 0.74509805, 0.08235294, 0.        ,
            0.        , 0.        , 0.        ],
          [ 0.        , 0.        , 0.54901963, 0.98431379, 0.99607849,
            0.99607849, 0.99607849, 0.99607849, 0.99607849, 0.99607849,
            0.99607849, 0.99607849, 0.99607849, 0.99607849, 0.99607849,
            0.99607849, 0.99607849, 0.99607849, 0.74117649, 0.09019608,
            0.        , 0.        , 0.        ],
          [ 0.        , 0.        , 0.88627458, 0.99607849, 0.81568635,

In [8]:  # 1枚目の画像ピクセル値のサイズを表示
         len(trainX[0])

Out[8]:  28
```

図 5-43：整形した学習用の画像 1 枚目のピクセルデータ

図 5-41 と図 5-43 のピクセル値を見比べてみると、値は同じで構造が変わっただけであることが分かります。

5.3.3 ニューラルネットワークの作成

ここでは、入力層が 28（× 28）ノード、中間層 LSTM が 128 ノード、出力層が 10 ノード（数字 0〜9 の 10 種類）のシンプルな RNN を構築し、モデルの分類精度を確かめます。

リスト 5-35

```
1.   ## 3.ニューラルネットワークの作成 ##
2.
3.   ## 初期化
4.   tf.reset_default_graph()
5.
6.   ## 入力層の作成
7.   net = tflearn.input_data(shape=[None, 28, 28])
8.
9.   ## 中間層の作成
10.  # LSTMブロック
11.  net = tflearn.lstm(net, 128)
12.
```

```
13.   ## 出力層の作成
14.   net = tflearn.fully_connected(net, 10, activation='softmax')
15.   net = tflearn.regression(net, optimizer='sgd', learning_rate=0.5, loss='categorical_
      crossentropy')
```

▶▶▶ **4 行目：ネットワークを初期化します。**

▶▶▶ **7 行目：input_data 関数を使って入力層を作成します。**

- 1 番目の引数：shape には、入力する学習データの形状としてバッチサイズとノード数を設定します。ここでは、None（ここでは指定しない）と 28 と 28（画像 1 枚のピクセル数）とします。

▶▶▶ **11 行目：lstm 関数を使って、LSTM ブロックを作成します。**

- 1 番目の引数：作成する層の 1 つ前の層を設定します。ここでは、net にあたります。
- 2 番目の引数：LSTM のノード数を設定します。ここでは、128 とします。

▶▶▶ **14 行目：fully_connected 関数を使って全結合層を作成します。**

- 1 番目の引数：作成する層の 1 つ前の層（結合の対象となる層）を設定します。ここでは、net にあたります。
- 2 番目の引数：作成する層のノード数を設定します。ここでは、10 とします（正解の数字が 0～9 の 10 種類あるため）。
- 3 番目の引数：作成する層で使用する活性化関数を設定します。ここでは、softmax（ソフトマックス関数）を使用します。

▶▶▶ **15 行目：regression 関数を使って、学習の条件を設定します。**

- 1 番目の引数：学習の対象となる層を設定します。ここでは、これまで作成してきた層である net にあたります。
- 2 番目の引数：最適化の手法を設定します。ここでは、sgd（確率的勾配降下法）を使用します。
- 3 番目の引数：学習係数の減衰係数を設定します。ここでは、0.5 とします。
- 4 番目の引数：誤差関数を設定します。ここでは、categorical_crossentropy（交差エントロピー）を使用します。

5.3.4　モデルの生成（学習）

学習データセットを使って、作成した RNN に対し学習を実行してみましょう。

リスト 5-36

```
1.  ## 4. モデルの作成（学習）  ##
2.  # 学習の実行
3.  model = tflearn.DNN(net)
4.  model.fit(trainX, trainY, n_epoch=20, batch_size=100, validation_set=0.1, show_
    metric=True)
```

▶▶▶ **3 行目：DNN 関数を使って、作成した RNN と学習条件をセットします。**

● 1 番目の引数：セットする対象の RNN を設定します。ここでは、net にあたります。

▶▶▶ **4 行目：fit 関数を使って、学習を実行しモデルを作成します。**

● 1 番目の引数：学習データを設定します。ここでは、学習用の画像ピクセルデータを格納した配列 trainX です。

● 2 番目の引数：正解データを設定します。ここでは、学習用の画像正解データを格納した配列 trainY です。

● 3 番目の引数：エポック数（≒学習回数）を設定します。ここでは、20 とします。

● 4 番目の引数：バッチサイズを設定します。ここでは 100 とします。

● 5 番目の引数：モデルの精度を検証するためのテストデータセットを設定します。ここでは、学習用データセットのうちの 1 割（0.1）とします。

● 6 番目の引数：学習のステップごとに精度を表示するかどうかを設定します。ここでは、True（表示する）とします。

　Jupyter Notebook の実行ボタンをクリックし実行すると、学習の状況が表示されます。筆者の環境では、学習用データセットを使ってモデルを作成し、検証した精度は 98.71％です。98％の高精度で手書き文字画像を分類できます。モデルの精度は個々の実行環境により変動するため、常に本書と同じ精度になるとは限りません。

```
Training Step: 9899  | total loss: 0.00508 | time: 47.110s
| SGD | epoch: 020 | loss: 0.00508 - acc: 0.9996 -- iter: 49400/49500
Training Step: 9900  | total loss: 0.00520 | time: 49.035s
| SGD | epoch: 020 | loss: 0.00520 - acc: 0.9996 | val_loss: 0.04316 - val_acc: 0.9871 -- iter: 49500/49500
--
```

図 5-44：学習状況の表示

　ここでは「モデルを作成する方法」までを説明しました。この後は第 3 章と第 4 章と同じ手順で、未知のデータを別途用意しておき、それにモデルを適用することで、分類精度を検証することができます。

第 5 章のまとめ

　本章の前半では、RNN の仕組みと学習方法を説明しました。RNN の大きな特徴は、テキストや音声などの連続性を持つ系列データを扱えることです。そして、RNN の中でも特に、中間層が LSTM ブロックで構成される場合について説明しました。ブロックの内部には入力ゲート、忘却ゲート、出力ゲートと呼ばれる機能があり、データの伝播を制御し、保持するデータを調整します。

　本章の中盤では、TFLearn ライブラリを使って RNN（LSTM）を実装し、人間が発する質問のうち、システムが適切に回答できる質問と適切に回答できない質問を分類する問題に挑戦しました。ここでは、テキストデータを対象としたため、中間層に単語の埋め込み層を追加し、単語の特徴を数値化しました。RNN（LSTM）の作成を学習の実行を通して、前半の内容に関する理解が深まったことでしょう。

　本章の後半では、TFLearn ライブラリを使って RNN（LSTM）を実装し、第 3 章と第 4 章で扱った手書き文字画像 MNIST データセットの分類問題に再度挑戦しました。画像データに対し RNN が有効であるとは一概に言えませんが、手法の 1 つとして今後使える可能性があります。扱うデータが時系列や単語の語順のような連続した性質を持つものであれば、まず RNN を使ってみましょう。

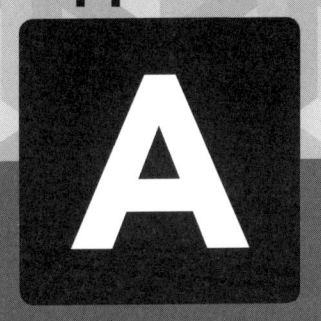

Appendix

A

付録

A.1 TensorBoardの使い方

第3章以降の実装において、学習を行う fit 関数を実行すると、画面上にモデルの誤差や精度が表示されます。しかし、この画面上から得られる情報は限られています。そこで、**TensorBoard**[1] と呼ばれるアプリケーションを使用すると、学習状況の推移をより詳細に把握し、作成したモデルの構造を視覚的に確認できます。TensorBoard は TensorFlow の機能の1つなので、TFLearn からも使用できます。

A.1.1 学習ログの出力

作成したモデルの構造と学習の推移を TensorBoard 上に表示するためには、学習の実行中にログを出力する必要があります。ログを出力するには、作成したネットワークと学習条件をセットする DNN 関数と、学習を行う fit 関数の引数を設定しなければなりません。例えば次のように設定します。

リスト A1-1

```
## 4. モデルの作成（学習） ##
# 学習の実行
model = tflearn.DNN(net, tensorboard_verbose=0)
model.fit(trainX, trainY, n_epoch=20, batch_size=100, validation_set=0.1, show_metric=True,
run_id=' dense_model' )
```

DNN 関数の引数に **tensorboard_verbose** を追加します。出力したいログ情報に応じて、値には 0 から 3 を設定します。tensorboard_verbose の値を大きくすればするほど詳細に学習状況を表示できますが、学習の速度が落ちます。

※1 https://www.tensorflow.org/get_started/summaries_and_tensorboard

表 A1-1：tensorboard_verbose の設定値と出力するログ情報

tensorboard_verbose	出力するログ情報
0	誤差、精度
1	誤差、精度、勾配
2	誤差、精度、勾配、重み
3	誤差、精度、勾配、重み、活性度、スパース性

fit 関数の引数に **run_id** を追加します。値にはログの名称を設定します。ここでは dense_model です。

A.1.2　TensorBoardの起動

端末を開き、Python 環境を有効化して、TensorBoard を起動するコマンドを入力します。

リスト A1-2

```
$ tensorboard --logdir='/tmp/tflearn_logs/dense_model'
```

logdir= で指定したディレクトリは、ログが出力された場所です。ログは、**/tmp/tflearn_logs/（DNN 関数の run_id）** に出力され、ここでは /tmp/tflearn_logs/dense_model となります。

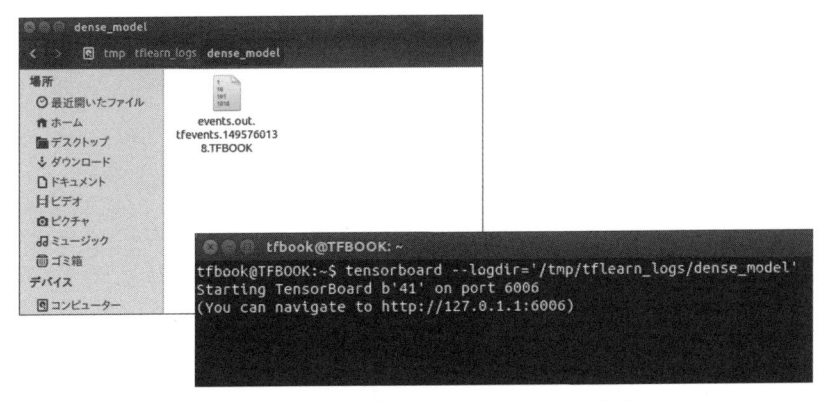

図 A1-1：学習ログの出力先と TensorBoard の起動

TensorBoard の起動に成功すると、端末に **You can Negative to http://127.0.1.1:6006**（URL は環境により異なります）と表示されます。ブラウザを開き、端末に表示された URL（ここでは http://127.0.1.1:6006）もしくは **http://localhost:6006** を入力します。

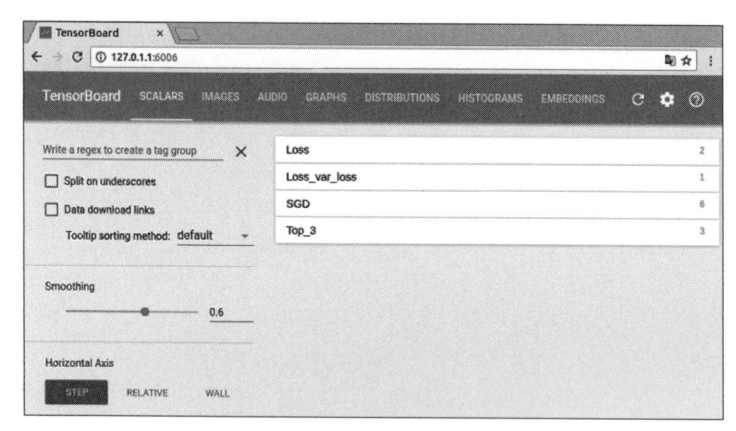

図 A1-2：ブラウザで TensorBoard を表示

作成したモデルとログの表示

ブラウザ上の **GRAPHS** タブをクリックし、作成したモデルの構造と学習の概要を確認しましょう。

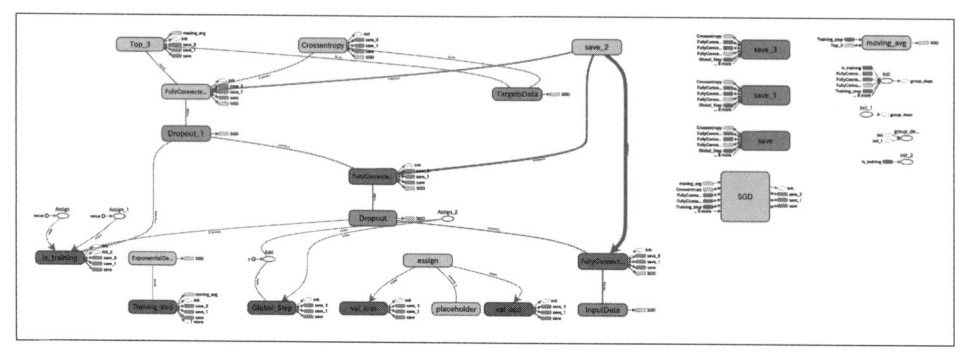

図 A1-3：ネットワークの構造と学習の概要

各層間のデータの受け渡しがひと目で分かります。また、各層をクリックすると、使用した活性化関数や重みの計算を確認することができます。

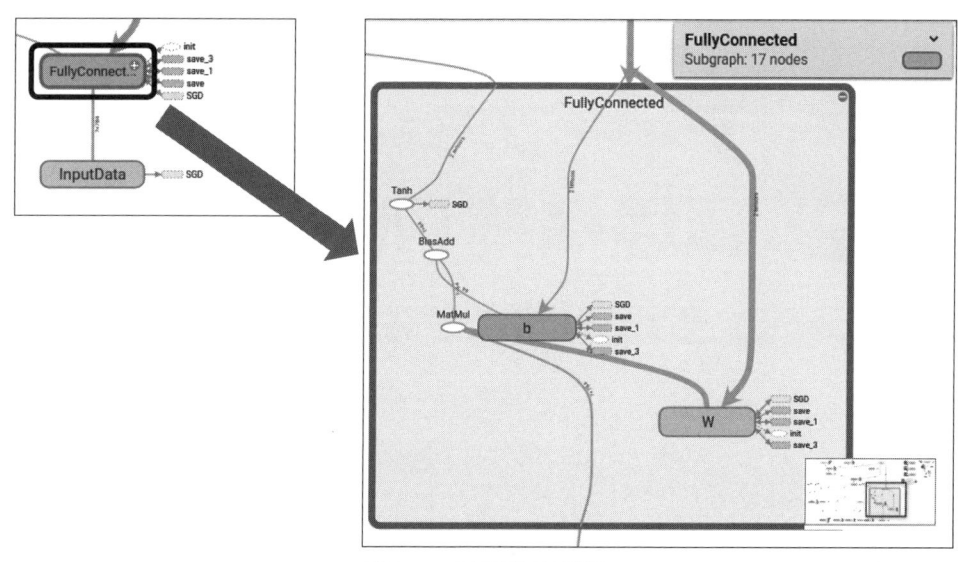

図 A1-4：各層の学習の詳細

SCALARS タブをクリックし、学習途中の誤差やモデル精度などを確認してみましょう。

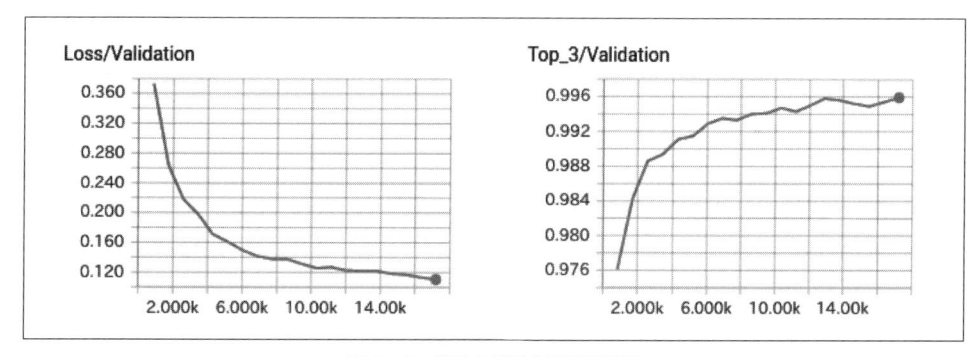

図 A1-5：学習の誤差とモデル精度

誤差や精度がどのように収束したか、その過程を把握することができます。

A.2 ディープラーニングの環境構築（Windows編）

第2章では、Windows OS をホスト OS とし、その上にゲスト OS として Ubuntu（Linux OS）の仮想環境を構築し、Ubuntu 上にディープラーニングの環境を構築しました。TensorFlow と TFLearn は Windows OS でも動作するため、ここでは Windows OS（Windows 7、64bit）上にディープラーニングの環境を構築します。

A.2.1 Anacondaのインストール

Anaconda は 2017 年 8 月時点で、バージョン 4.4.0 までダウンロードできます。Anaconda のダウンロードページ[※2] からは、バージョン 4.4.0 の Python3 系統・64bit 版インストーラである **Anaconda3-4.4.0-Windows-x86_64.exe** を入手できます。

本書の記載内容はバージョン 4.3.1 での実行を前提としています。インストーラ **Anaconda3-4.3.1-Windows-x86_64.exe** は、過去バージョンのダウンロードページ[※3] から入手できます。バージョン 4.4.0 を使用した場合は、実行結果が本書の記載と異なる可能性があります。いずれかのインストーラを選んでダウンロードしましょう。

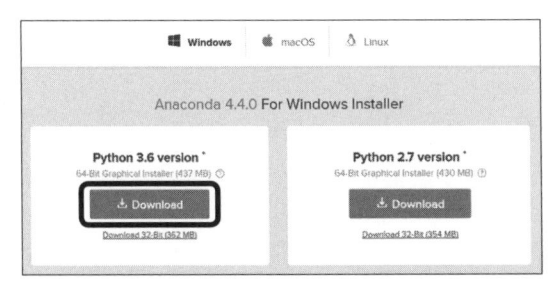

図 A2-1-a：Anaconda インストーラのダウンロード（バージョン 4.4.0 のダウンロードページ）

※2　https://www.anaconda.com/download/
※3　https://repo.continuum.io/archive/

Anaconda installer archive

Filename	Size	Last Modified
Anaconda2-4.4.0.1-Linux-ppc64le.sh	271.4M	2017-07-26 16:10:02
Anaconda3-4.4.0.1-Linux-ppc64le.sh	285.6M	2017-07-26 16:08:42
Anaconda2-4.4.0-Linux-x86.sh	415.0M	2017-05-26 18:23:30
Anaconda2-4.4.0-Linux-x86_64.sh	485.2M	2017-05-26 18:22:48
⋮		
Anaconda3-4.3.1-Linux-x86.sh	399.3M	2017-03-06 16:12:47
Anaconda3-4.3.1-Linux-x86_64.sh	474.3M	2017-03-06 16:12:24
Anaconda3-4.3.1-MacOSX-x86_64.pkg	424.1M	2017-03-06 16:26:27
Anaconda3-4.3.1-MacOSX-x86_64.sh	363.4M	2017-03-06 16:26:09
Anaconda3-4.3.1-Windows-x86.exe	348.1M	2017-03-06 16:19:46
Anaconda3-4.3.1-Windows-x86_64.exe	422.1M	2017-03-06 16:20:48

図 A2-1-b：Anaconda インストーラのダウンロード（バージョン 4.3.1 のダウンロードページ）

　ダウンロードしたインストーラを起動し、セットアップ開始画面で [Next >] をクリック
します。次に、ライセンス同意画面でソフトウェアのライセンス内容を確認し、問題なければ
[I Agree] をクリックします。

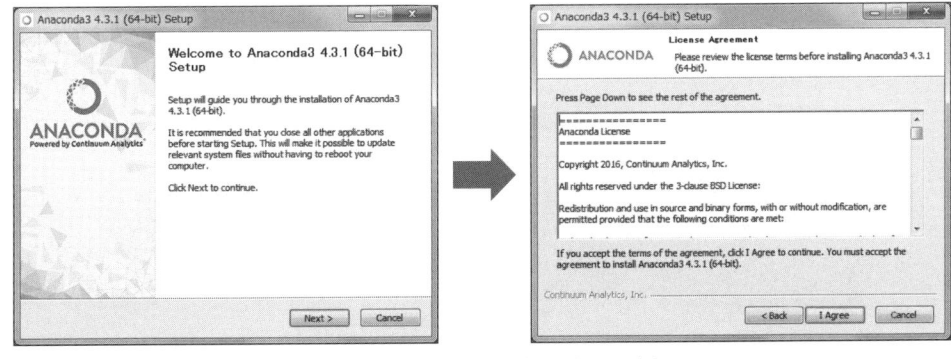

図 A2-2：Anaconda のインストール（1）

　インストールタイプの選択画面で、[Just Me (recommend)]（自分のアカウントのみで使用）
か、または、[All Users (requires admin privileges)]（PC のすべてのアカウントで使用）の
どちらかを選択します。ここでは、推奨されている **[Just Me (recommend)]** を選択した状
態で [Next >] をクリックします。

　次に、インストール場所の選択画面で、インストールフォルダを指定します。デフォルトでは
「C:\Users\< ユーザ名 >\Anaconda3」 が入力されていますが、ここでは C ドライブ直下
の Anaconda3 フォルダにインストールします。そのため、**「C:\Anaconda3」** と修正して下
さい。Anaconda3 フォルダがなければ自動で作成されます。ここでは、標準設定のまま変更せ
ず [Next >] をクリックします。

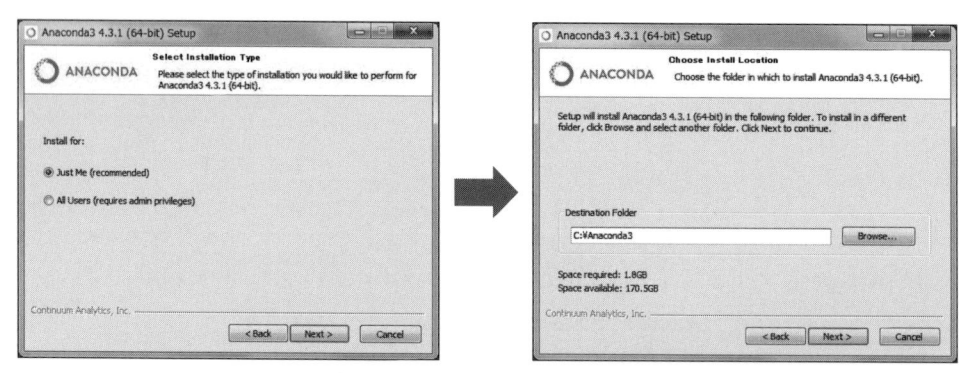

図 A2-3：Anaconda のインストール (2)

　インストールオプション画面で、追加の設定を行います。1つは **[Add Anaconda to my PATH environment variable]**（環境変数に追加するか）、もう1つは **[Register Anaconda as my default Python 3.6]**（Python 3.6 を標準で使用するバージョンにするか）です。デフォルトでは両方にチェックが入った状態です。ここではそのまま変更せず [Install] をクリックします。

　インストールの設定が完了すると、インストールが開始されます。インストール中に [Show details] をクリックすると、図 A2-4 の右図に示すように、インストールの状況を確認できます。

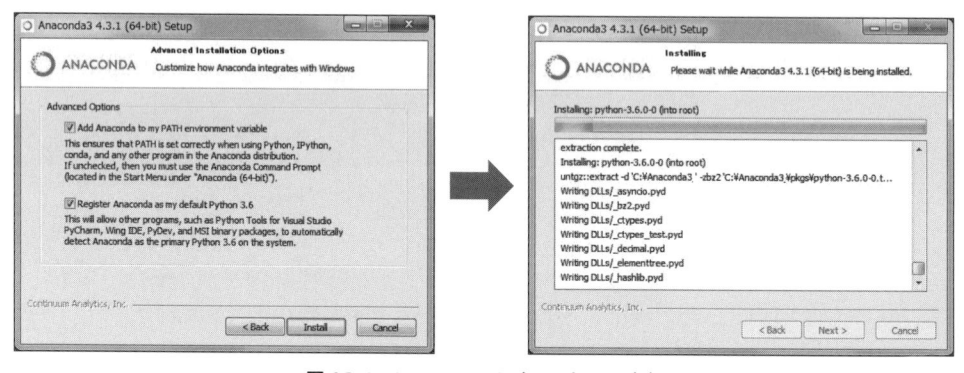

図 A2-4：Anaconda のインストール (3)

　インストールが完了したら、[Next] をクリックし、その次に表示される画面で [Finish] をクリックしてインストーラを終了します。C ドライブ直下に Anaconda3 がインストールされていることを確認しましょう。

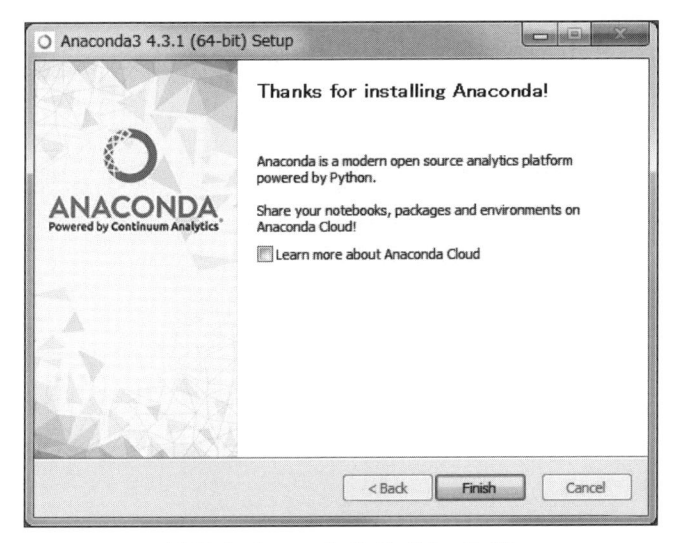

図A2-5：Anaconda のインストール（4）

A.2.2 Python環境の作成

Anaconda 上で作業するためのコマンドプロンプトを立ち上げます。デスクトップ画面の左下「プログラムとファイルの検索」欄に **anaconda prompt** と打ち込むと、該当するプログラムが表示されます。一番上の **Anaconda Prompt** をクリックすると、コマンドプロンプトが起動します。

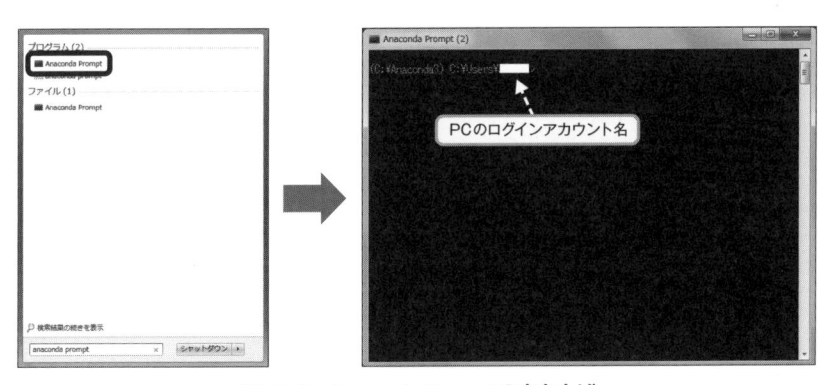

図A2-6：Anaconda Prompt の立ち上げ

Anaconda Prompt は今後頻繁に使用するので、デスクトップにショートカットを作成しておくと便利です。また、Anaconda Prompt は第2章における「端末」に相当します。TensorFlow、TFLearn を含め、各種ライブラリのインストールはこの画面上で行います。

ディープラーニングを実装する場所として、Python 3.5 仮想環境を作成します。Anaconda
は Python 3.6 までサポートしていますが、Windows 版の TensorFlow は Python 3.5 のみを
サポートしていることが理由です。Anaconda Prompt に次のコマンドを入力しましょう。

リスト A2-1

```
> conda create -n tfbook python=3.5 [Enter]
```

　ここで、tfbook は環境名です。実行すると、パッケージをインストールしてよいかどうか問わ
れます。Proceed([y]/n) で y と入力し、tfbook という名称の Python 3.5 環境を作成します。

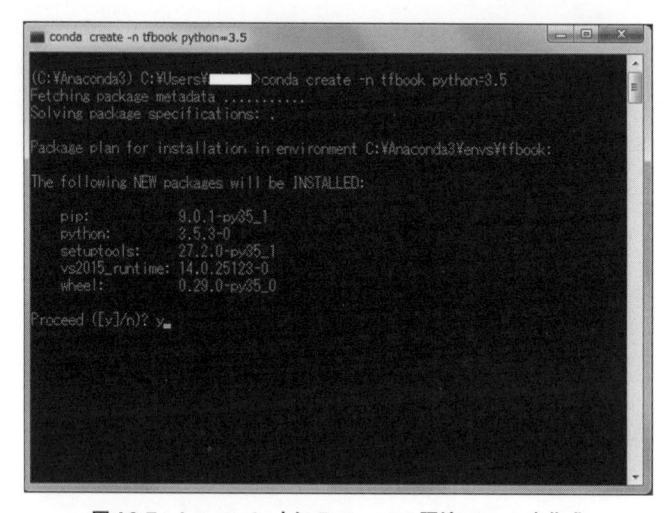

図 A2-7：Anaconda 上に Python 3.5 環境 tfbook を作成

　作成した環境を使用できるよう有効化します。環境は使い終わったら無効化しましょう。

リスト A2-2

```
> activate tfbook [Enter] # 環境を有効化
> deactivate tfbook [Enter] # 環境を無効化
```

　ここで、tfbook は環境名です。有効化すると、Anaconda Prompt 上に **(tfbook)** が表示さ
れます。

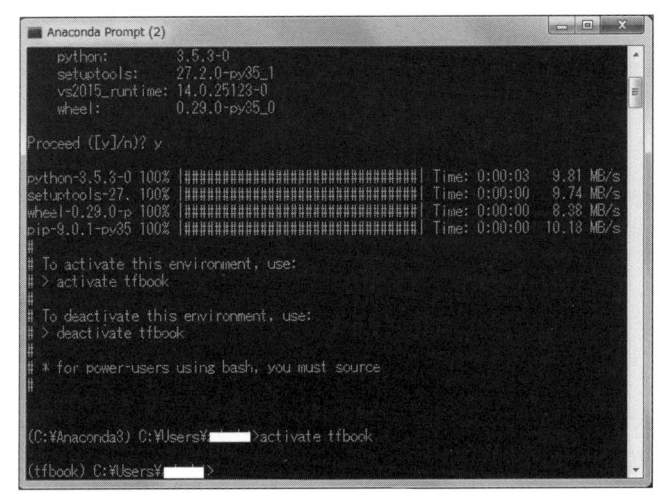

図 A2-8：tfbook 環境の有効化

　C ドライブの直下に作成した Anaconda3 フォルダの下、envs フォルダを開くと、tfbook 環境が作成できていることを確認できます。

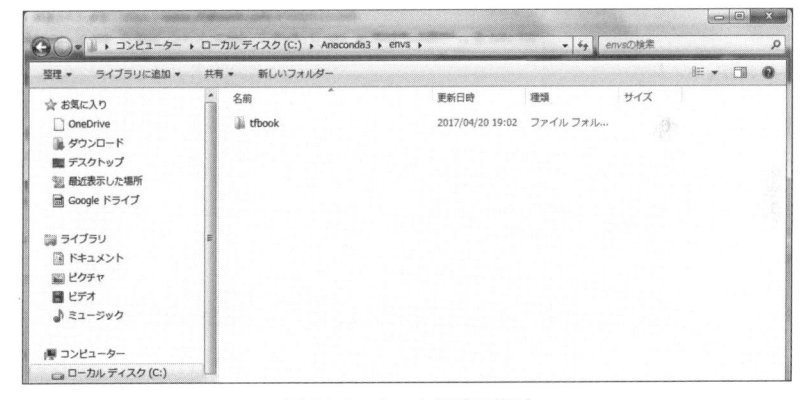

図 A2-9：tfbook 環境の場所

A.2.3　TensorFlowのインストール

TensorFlow 1.0.1（Python 3.5）をインストールします。

リスト A2-3

```
> pip install --ignore-installed --upgrade https://storage.googleapis.com/tensorflow/
windows/cpu/tensorflow-1.0.1-cp35-cp35m-win_amd64.whl [Enter]
```

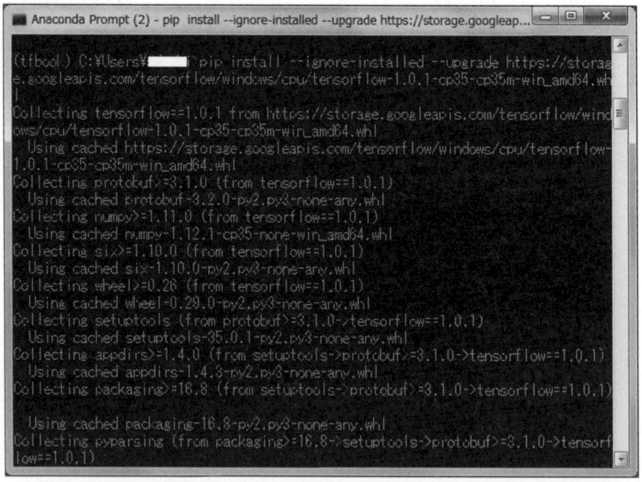

図 A2-10：TensorFlow のインストール

　Python を対話モードで起動し、TensorFlow ライブラリをインポートできればインストール
は成功しています。

リスト A2-4

```
> python [Enter]
>>> import tensorflow [Enter]
>>> exit() [Enter]
```

図 A2-11：TensorFlow のインストール確認

A.2.4　TFLearnのインストール

　TFLearn 0.3.2 をインストールします。本書の内容はバージョン 0.3.1 の実行結果を載せて
います。

リスト A2-5

```
> pip install tflearn [Enter]
```

図 A2-12：TFLearn のインストール

Python を対話モードで起動し、TFLearn ライブラリをインポートできればインストールは成功しています。しかし、ここではエラーメッセージが表示されます。

リスト A2-6

```
python [Enter]
>>> import tflearn [Enter]
>>> exit() [Enter]
```

図 A2-13：TFLearn のインストール確認

TFLearn を使用するにはいくつかのライブラリが必要です。それらをインストールしていきます。

A.2.5 h5pyのインストール

TFLearn に必要なライブラリ h5py をインストールします。h5py は、バイナリデータのフォーマットである HDF5 形式のデータを扱えるようにしてくれます。

リスト A2-7

```
> conda install h5py [Enter]
```

パッケージをインストールしてよいかどうか問われたら、Proceed([y]/n) で y と入力し続行します。

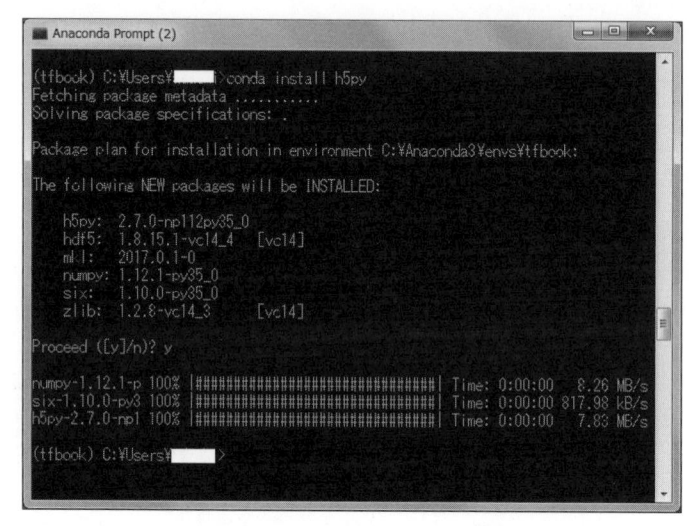

図 A2-14：h5py のインストール確認

A.2.6 scipyのインストール

scipy をインストールします。scipy は、数値計算を行うためのライブラリです。

リスト A2-8

```
> conda install scipy [Enter]
```

パッケージをインストールしてよいかどうか問われたら、Proceed([y]/n) で y と入力し続行します。

```
(tfbook) C:¥Users¥███>conda install scipy
Fetching package metadata ...........
Solving package specifications: .

Package plan for installation in environment C:¥Anaconda3¥envs¥tfbook:

The following NEW packages will be INSTALLED:

    scipy: 0.19.0-np112py35_0

Proceed ([y]/n)? y
```

図A2-15：scipy のインストール確認

A.2.7　cursesのインストール

curses のインストーラを入手します。curses は、端末の画面に表示させる文字を制御するためのライブラリです。curses は、カリフォルニア大学による Windows 用 Python パッケージのインストーラ提供サイト[4] から入手できます。**curses-2.2-cp35-none-win_amd64.whl** をダウンロードし、ダウンロードしたファイルを C:¥Users¥< ユーザー名 > に置いてください。そして、curses をインストールします。

リスト A2-9

```
> pip install curses-2.2-cp35-none-win_amd64.whl [Enter]
```

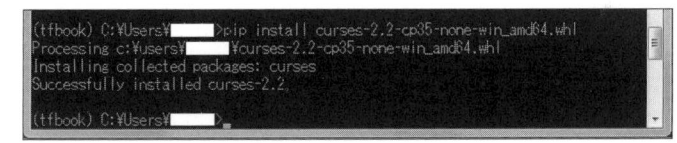

```
(tfbook) C:¥Users¥████>pip install curses-2.2-cp35-none-win_amd64.whl
Processing c:¥users¥████¥curses-2.2-cp35-none-win_amd64.whl
Installing collected packages: curses
Successfully installed curses-2.2

(tfbook) C:¥Users¥████>
```

図 A2-16：curses のインストール確認

これで、TFLearn を使う準備が整いました。tfbook フォルダの下、Lib フォルダの下、site-packages フォルダを開くと、インストールしたライブラリの一覧を確認できます。

※ 4　http://www.lfd.uci.edu/~gohlke/pythonlibs/#curses

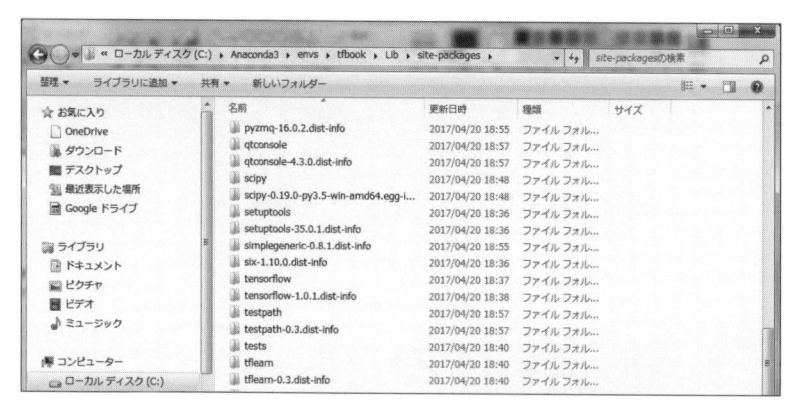

図 A2-17：tfbook 環境にインストールしたライブラリ一覧

A.2.8　Jupyter Notebookのインストール

Jupyter Notebook をインストールします。Jupyter Notebook はオープンソースの Web アプリケーションです。ノート形式のドキュメントにソースコードを記述し、その内容を逐次実行し結果を確認しながら作業を進めることができます。

リスト A2-10

```
> pip install jupyter ［Enter］
```

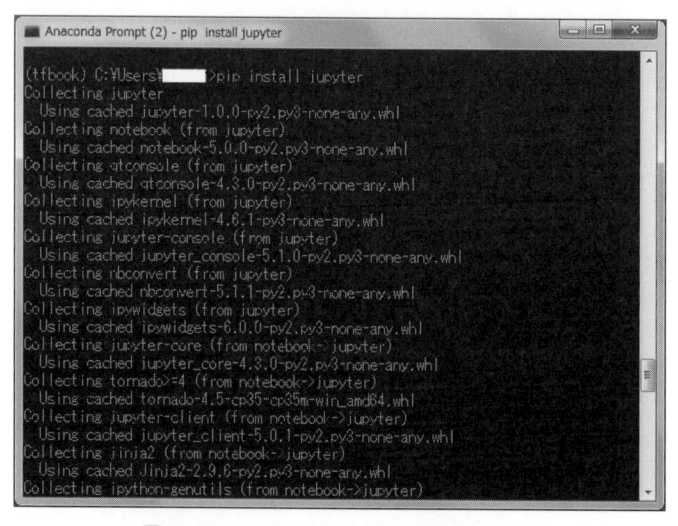

図 A2-18：Jupyter Notebook のインストール

今、フォルダの参照先は C:¥Users¥（PC のログインアカウント名）です。インストール完了後は、作成した Python 環境へ移動し、その場所で Jupyter Notebook を起動しましょう。

リスト A2-11

```
> cd C:¥Anaconda3¥envs¥tfbook [Enter]
> jupyter notebook [Enter]
```

図 A2-19：Jupyter Notebook の起動

　ブラウザに Jupyter Notebook の画面が表示されます。基本的な使い方は第 2 章で説明したものと同じです。

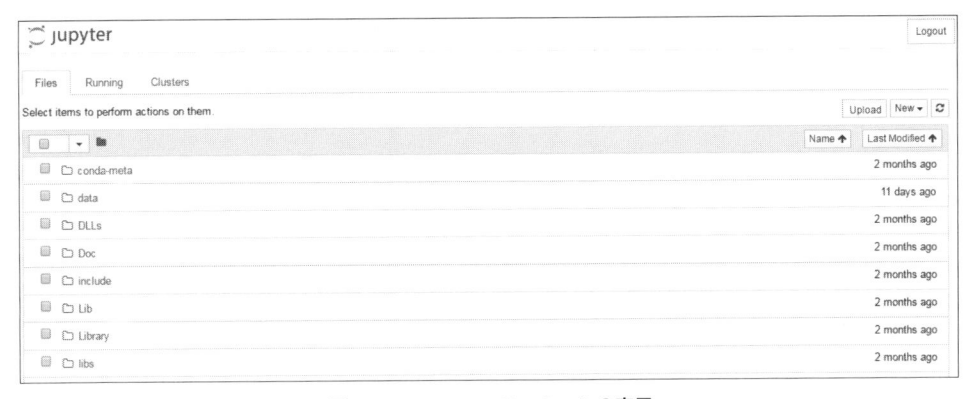

図 A2-20：Jupyter Notebook の表示

　ここで作成した環境下で、TFLearn 公式サイトのチュートリアル[5] をひととおり実行できます。第 3 章以降で説明したもの以外の実装例については、ご自身で試してみてください。

※ 5　http://tflearn.org/examples/

A.3 Ubuntu 仮想イメージ のインポート方法

第 2 章でディープラーニングの環境を構築する方法を説明しましたが、うまく構築できなかった方がいるかもしれません。そのような方のために、環境構築済みの Ubuntu 仮想イメージを配布していますので利用してください。

A.3.1 仮想イメージのダウンロード

リックテレコム社の書籍総合案内ページ[6]にある、データダウンロードをクリックしてください。そして、データダウンロードページから本書の書名を探し、仮想イメージ **TFBOOK.ova** をダウンロードします。

図 A3-1：ダウンロードページ

ダウンロードの際に必要な ID とパスワードは次のとおりです。

表 A3-1：書籍 ID とパスワード

書籍 ID	ric011051
パスワード	prg011051

※6　http://www.ric.co.jp/book/computer.html

仮想イメージのインポート

VirtualBox にダウンロードした仮想イメージをインポートします。VirtualBox のインストール方法については、第2章の2.1節を確認してください。

Oracle VM VirtualBox マネージャーを起動し、メニューバー左上の［ファイル (F)］をクリックして、**［仮想アプライアンスのインポート (I)］** をクリックします。すると、「仮想アプライアンスのインポート」画面が表示されます。

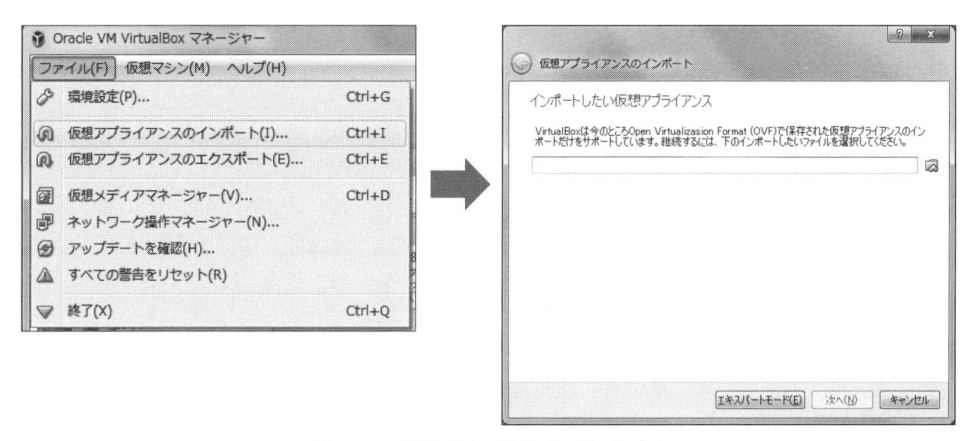

図 A3-2：仮想イメージのインポート (1)

インポートしたい仮想アプライアンス画面では、フォルダアイコンをクリックして、仮想環境 TFBOOK.ova を選択します。そして、仮想アプライアンスの設定画面では、何も変更せず **［インポート］** をクリックします。

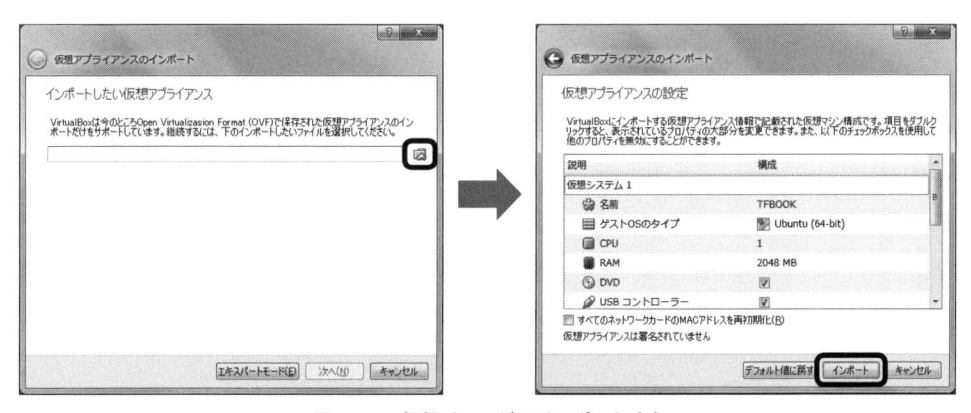

図 A3-3：仮想イメージのインポート (2)

インポートが完了しました。

図 A3-4：仮想イメージのインポート（3）

[起動 (T)] ボタンをクリックして、Ubuntu を起動しましょう。ログインに必要なユーザーID とパスワードは次のとおりです。

表 A3-2：ユーザーID とパスワード

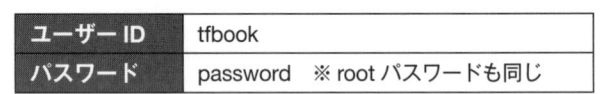

ユーザー ID	tfbook
パスワード	password　※ root パスワードも同じ

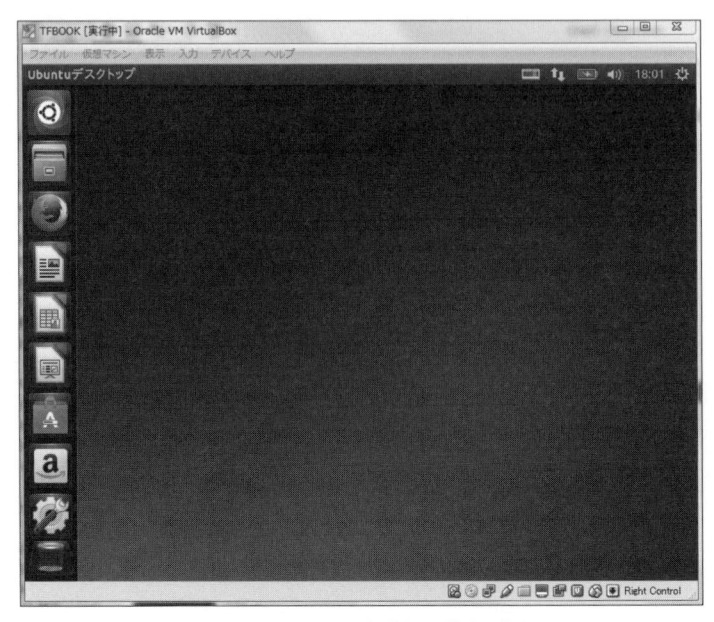

図 A3-5：Ubuntu の起動とログイン完了

終わりに

　さて本書では、ディープラーニングの考え方と、基本的な手法の仕組みを学び、実装して実際に動かすところまで体験していただきました。実装していく中で皆さんは、「ほかのデータを使ってみたらどうなるだろう？」とか、「パラメータをいじってみたらどうなるだろう？」など、興味や気付きを得たのではないでしょうか？

　冒頭にも記載しましたが、本書はあくまで、これからディープラーニングを学びたい人向けの入門書に位置付けられます。入門の手段として、Google 社の TensorFlow をベースにした TFLearn ライブラリを活用しました。今後は他の書籍も参考にしながら、ディープラーニングの技術を習得し、活用していってください。

　ただし、何でもかんでもディープラーニングを使えばよいわけではありません。ディープラーニングで作ったモデルの内部はブラックボックスなので、例えば、データから知識発見を行い、人に説明したい場合には不向きです。その場合は、例えば決定木の手法など、従来の機械学習を用いる方がよいでしょう。目的とデータの種類に応じて、様々な手法を使い分ける必要があるのです。

　最後になりましたが、リックテレコム社の蒲生さま、松本さまには、執筆にあたり数々の有意義なご助言、ご指摘をいただき、大変お世話になりました。また、無事に執筆することができたのは、会社の皆さまと家族の支えがあったからです。多くの皆さまに改めて深く感謝を申し上げます。

2017 年 8 月　　足立 悠

参考文献

第1章

[1] 総務省、「ICTの進化が雇用と働き方に及ぼす影響に関する調査研究」, 2016 年
http://www.soumu.go.jp/johotsusintokei/linkdata/h28_03_houkoku.pdf

[2] 総務省、「情報通信白書：IoT 時代における ICT 産業動向分析」, 2016 年
http://www.soumu.go.jp/johotsusintokei/whitepaper/ja/h28/pdf/n2100000.pdf

[3] 総務省、「情報通信白書：ICT がもたらす世界規模でのパラダイムシフト」, 2014 年
http://www.soumu.go.jp/johotsusintokei/whitepaper/ja/h26/html/nc131110.html

[4] G. E. Hinton and R. Salakhutdinov, "Reducing the dimensionality of data with neural networks", Science, vol. 313, no. 5786, pp. 504–507, 2006.

[5] Google, "Using large-scale brain simulations for machine learning and A.I", 2012
https://googleblog.blogspot.jp/2012/06/using-large-scale-brain-simulations-for.html

[6] Google, "AlphaGo: Mastering the ancient game of Go with Machine Learning", 2016
https://research.googleblog.com/2016/01/alphago-mastering-ancient-game-of-go.html

[7] Google, "Efficient Smart Reply, now for Gmai"l, 2017
https://research.googleblog.com/2017/05/efficient-smart-reply-now-for-gmail.html

[8] KDnuggets, "50 Deep Learning Software Tools and Platforms, Updated", 2015
http://www.kdnuggets.com/2015/12/deep-learning-tools.html

[9] KDnuggets, "New Leader, Trends, and Surprises in Analytics, Data Science, Machine Learning Software Poll", 2017
http://www.kdnuggets.com/2017/05/poll-analytics-data-science-machine-learning-software-leaders.html

[10] https://www.tensorflow.org/

[11] http://tflearn.org/

◆ 機械学習の各手法をもっと学びたい方にお勧めの書籍
脇森浩志・杉山雅和・羽生貴史 著、『クラウドではじめる機械学習 ── Azure ML でらくらく体験』, リックテレコム刊, 2015 年

第2章

[1] https://www.virtualbox.org/wiki/Downloads

[2] https://www.ubuntulinux.jp/download/ja-remix-vhd

[3] https://www.continuum.io/downloads

[4] https://repo.continuum.io/archive/

[5] http://jupyter.org/

◆ Python プログラミングをより学びたい方にお勧めの書籍
Bill Lubanovic 著、斎藤康毅監修、長尾高弘訳、『入門 Python 3』, オライリージャパン刊, 2015 年

第3章

[1] Google, "Using large-scale brain simulations for machine learning and A.I", 2012
https://googleblog.blogspot.jp/2012/06/using-large-scale-brain-simulations-for.html

[2] "THE MNIST DATABASE of handwritten digits", http://yann.lecun.com/exdb/mnist/

◆ 手法の仕組みや学習方法をもっと学びたい方にお勧めの書籍
武井宏将著, 『初めてのディープラーニング ── オープンソース "Caffe" による演習付き』, リックテレコム刊, 2016
岡谷貴之著, 『深層学習 (機械学習プロフェッショナルシリーズ)』, 講談社刊, 2015 年

第 4 章

[1] Pillow, https://pillow.readthedocs.io/en/4.2.x/
[2] OpenCV, http://opencv.org/

◆ 手法の仕組みや学習方法をもっと学びたい方にお勧めの書籍

武井宏将著，『初めてのディープラーニング―オープンソース "Caffe" による演習付き』，リックテレコム刊，2016 年
中井悦司著，『TensorFlow で学ぶディープラーニング入門――畳み込みニューラルネットワーク徹底解説』，マイナビ出版刊，2016 年

◆ 画像処理方法をもっと学びたい方にお勧めの書籍

小枝正直・上田悦子・中村恭之 著，『OpenCV による画像処理入門　改訂第 2 版』，講談社刊，2017 年

第 5 章

[1] F.A. Gers, J. Schmidhuber, F. Cummins., "Learning to forget: Continual prediction with LSTM", Neural computation 12.10 (2000): pp. 2451-2471
[2] 株式会社情報医療，「数式で書き下す長短期記憶 (LSTM)」，2016 年
https://micin.jp/feed/developer/articles/lstm00
[3] 「対話破綻検出チャレンジ：雑談対話コーパス」，https://sites.google.com/site/dialoguebreakdowndetection/chat-dialogue-corpus
[3] 東中竜一郎・船越孝太郎，「Project Next NLP 対話タスクにおける雑談対話データの収集と対話破綻アノテーション, Chat dialogue collection and dialogue breakdown annotation in the dialogue task of Project Next NLP」，人工知能学会「言語・音声理解と対話処理研究会 第 72 回」pp.45-50, 2014 年 12 月 15 日
[3] NTT ドコモ，「雑談対話 API」
https://www.nttdocomo.co.jp/service/developer/smart_phone/analysis/chat/
[4] MeCab, http://taku910.github.io/mecab/

◆ 手法の仕組みや学習方法をもっと学びたい方にお勧めの書籍

巣籠悠輔著，『詳解 ディープラーニング―― TensorFlow・Keras による時系列データ処理』，マイナビ出版刊，2017 年
坪井祐太・海野裕也・鈴木潤 著，『深層学習による自然言語処理 (機械学習プロフェッショナルシリーズ)』，講談社刊，2017 年

◆ テキスト処理方法をもっと学びたい方にお勧めの書籍

石田基広・金明哲 編，『コーパスとテキストマイニング』，共立出版刊，2012 年

付録

[1] https://www.tensorflow.org/get_started/summaries_and_tensorboard
[2] https://www.continuum.io/downloads
[3] https://repo.continuum.io/archive/
[4] http://tflearn.org/examples/

INDEX

足立 悠 (あだち はるか)

メーカーでデータサイエンティストとして働く傍ら、社会人大学院生としてデータマイニングの研究に従事。ユーザー企業でデータ分析・活用を推進し、ベンダー企業で国内企業のデータ分析・活用を支援した経験があり、両方の立場からデータサイエンスに携わってきた。過去には、データサイエンスの普及を目的に、Web や雑誌へ記事を執筆したほか、国内各地でセミナー講師を務めてきた。多感な時期に高専で5年間を過ごしてしまったせいか、周囲から変人と評されている。趣味は国内の城とダム巡り、お地蔵さんが密集している場所に佇むこと。

初めてのTensorFlow
——数式なしのディープラーニング

© 足立 悠 2017

2017年 11月 6日 第1版第1刷発行

著　者	足立 悠
発 行 人	新関卓哉
企画担当	蒲生達佳
編集担当	松本昭彦
発 行 所	株式会社リックテレコム
	〒 113-0034 東京都文京区湯島 3-7-7
振替	00160-0-133646
電話	03 (3834) 8380 (営業)
	03 (3834) 8427 (編集)
URL	http://www.ric.co.jp/
装　丁	トップスタジオ デザイン室
	(轟木亜紀子)
編集協力・組版	株式会社トップスタジオ
印刷・製本	シナノ印刷株式会社

定価はカバーに表示してあります。
乱丁・落丁本はお取り替え致します。
本書の全部または一部について、無断で複写・複製・転載・電子ファイル化等を行うことは著作権法の定める例外を除き禁じられています。

● 注意
本書に関するご質問は、 Eメールまたは FAX にて下記までお願い致します。なお、回答に万全を期すため、電話によるご質問にはお答えできませんのでご了承ください。
また、本書の記載内容には万全を期しておりますが、誤りや情報内容の変更がある場合がございます。 その場合には当社ホームページの正誤表サイトに掲載致しますので、下記よりご確認ください。

● 連絡先
Eメール：book-q@ric.co.jp
FAX：03-3834-8043

● 正誤表サイト
http://www.ric.co.jp/book/seigo_list.html

ISBN978-4-86594-105-0

Printed in Japan